"十四五"国家重点出版物出版规划重大工程

智能化食品风险追溯
关键技术与应用

主　编　包先雨　蔡伊娜

副主编　郑文丽　程立勋　吴绍精

编　委　李晓晓　杨　颖　梁　颖　仲建忠　王　歆
　　　　谯斌宗　吴共庆　白红武　李俊杰　彭池方
　　　　陈　勇　邢　军　蔡　屹　陈枝楠

中国科学技术大学出版社

内 容 简 介

本书针对现有食品追溯技术中普遍存在的数据颗粒度大、载体多样化、接口不统一等问题，提出了多种解决手段：通过深度学习、分簇数据融合、信息安全及食品危害因子识别确证等技术，研发食品安全多载体细粒度数据转换中间件；对食品生产、流通、消费过程多源数据异构转化及分簇融合，提出物联网分布式环境下分层追溯模型及追溯信息多重防伪与数据加密算法；研究食品危害因子识别确证技术，构建基于有效特征信息抽提的农残、生物毒素和致病菌追溯系统，建立"五个统一"食品安全双向追溯平台，实现从农田到餐桌的智能化应用示范。

本书适合广大科研工作者、专家学者、学生朋友们阅读，既可作为食品追溯技术的参考资料，也可供食品全产业链信息化研究使用。

图书在版编目(CIP)数据

智能化食品风险追溯关键技术与应用/包先雨,蔡伊娜主编.—合肥:中国科学技术大学出版社,2022.12(2024.7重印)

(前沿科技关键技术研究丛书)

"十四五"国家重点出版物出版规划重大工程

ISBN 978-7-312-05454-9

Ⅰ.智⋯ Ⅱ.①包⋯ ②蔡⋯ Ⅲ.食品安全—供应链管理—风险管理—研究 Ⅳ.TS201.6

中国版本图书馆CIP数据核字(2022)第091417号

智能化食品风险追溯关键技术与应用

ZHINENGHUA SHIPIN FENGXIAN ZHUISU GUANJIAN JISHU YU YINGYONG

出版　中国科学技术大学出版社
　　　安徽省合肥市金寨路96号,230026
　　　http://press.ustc.edu.cn
　　　https://zgkxjsdxcbs.tmall.com
印刷　合肥华苑印刷包装有限公司
发行　中国科学技术大学出版社
开本　787 mm×1092 mm　1/16
印张　16.5
字数　366千
版次　2022年12月第1版
印次　2024年7月第2次印刷
定价　188.00元

前　　言

当前,我国蓬勃发展的实体经济催生了旺盛的物流需求,连续多年成为全球最大的物流市场,已成为全球物流大国。物流园区是集各类企业和物流设施的具有一定规模和多种服务功能的空间场所,对降低物流成本和提高物流运作效率具有重要意义。然而部分物流园区存在效率低下、成本偏高等突出问题,严重制约了园区功能的发挥。由于物流服务的便捷性,消费者对具有一站式仓储、配送和安装服务特色的产品(如家居产品)需求显著,这给物流园区在产品生产、仓储、配送、调度、交付等方面带来了严峻挑战,倒逼物流园区向数字化、智慧化转型,快速高效处理各类问题,最终更好地满足消费者的需求,提高消费者的满意度。"仓配装一体化"已成为物流园区的主要功能之一,也是本书展开论述的内容。

本书通过分析全国示范物流园区的发展现状,对"物流园区+"发展模式存在的问题进行梳理和总结,并采用随机边界分析(stochastic frontier analysis,SFA)等方法构建物流效率测评模型,分析我国物流业效率及其影响因素。通过分析仓配装一体化产品在生产、仓储、配送、调度、交付等方面的问题,制订最优的生产和交付计划。通过设计合理的生产和交付计划,最小化企业的运营成本,在包含供应商、制造商和顾客在内的三级供应链下,对产品应该按何种加工顺序生产以及产品应当在何时进行加工交付进行了研究,证明了相关问题的计算复杂度,并提出了具有较短运行时间的伪多项式或多项式时间的算法。通过研究新型的具有多个出库位置的自动化立体仓库的出入库调度问题,确定出入库任务的操作顺序以及出库任务和出库位置的分配,实现堆垛机移动距离最小化的目标。对仓配装一体化产品配送安装过程中技术人员路线选择和调度问题,以最小化企业的运营成本,包括旅行成本、软时间窗口违反成本和外包服务成本为目标,提出基于拉格朗日松弛的启发式算法来解决该问题,数值结果显示该算法能够在合理的计算时间内为大规模问题找到高质量的可行解,从而有效地降低企业的运营成本。

本书在撰写过程中,参阅、借鉴并引用了相关文献、数据及资料等研究成果,在此对相关作者致以诚挚的感谢!

由于水平有限,书中难免存在疏漏和不足之处,恳请各位专家和读者批评指正!

包先雨

2022 年 10 月

目　录

第1章 引 言

1.1 研究背景和意义

党的十八大以来,习近平总书记、李克强总理多次对食品安全工作作出重要指示,强调确保食品安全是民生工程、民心工程,是各级党委、政府义不容辞之责。食品安全涉及多部门、多层面、多环节,是一个复杂的系统工程,监管难度大。电子化、信息化食品安全技术,已显著提升了我国食品安全监管能力。面对日益提高的食品安全需求,加强食用农产品源头风险控制,实现全产业链食品安全智能化监管,是我国食品安全主动保障能力和水平进一步发展的必由之路。

近年来,食品安全形势依然严峻,"冷链食品"外包装上检测出新型冠状病毒、海底捞被检测出大肠杆菌超标、海参养殖过程中违规使用农药等食品安全问题引起了政府、社会、媒体的高度关注。为保障食品安全和提升食品质量,需要对食品全产业链进行全程溯源和实施监督,从而让广大人民群众吃得安心放心。**全产业链食品安全是指以消费者为导向,从产业链源头做起,经过种植与采购、贸易及物流、食品原料和饲料原料的加工、养殖屠宰、食品加工、分销及物流、品牌推广、食品销售等每一个环节,实现食品安全可追溯,形成安全、营养、健康的食品供应全过程。**

目前,发达国家已建立起较为成熟的食品安全信息平台,如欧盟食品与饲料快速预警系统(RASFF)、国际食品安全网络(INFOSAN)、Google公司的大数据流感趋势监测项目。近年来,我国食品安全大数据技术发展较快,如成都市在2010年建立"猪肉质量安全溯源监管系统",深圳市在2013年部署运行"食品安全潜规则信息分析系统",但上述系统对食品全产业链的安全数据还缺乏融合挖掘。

本书针对现有食品追溯技术中普遍存在的数据颗粒度大、载体多样化、接口不统一等问题,采用深度学习、分簇数据融合、信息安全及食品危害因子识别确证等技术,研发食品安全多载体细粒度数据转换中间件,对食品生产、流通、消费过程多源数据异构转化及分簇融合,提出物联网分布式环境下分层追溯模型及追溯信息多重防伪与数据加密算法;研究食品危害因子识别确证技术,构建基于有效特征信息抽提的农残、生物毒素和致病菌追溯系统,建立"五个统一"食品安全双向追溯平台,实现从农田到餐桌的智能化应用示范。

1.2 前期研究基础

1.2.1 深圳市检验检疫科学研究院

深圳市检验检疫科学研究院(下称"检科院")是由深圳市科技局和深圳出入境检验检疫局发起,经市政府批准成立并归深圳出入境检验检疫局管理的公益性科研机构。其依托深圳检验检疫局,拥有16个国家级检测重点实验室,40名博士,400多名硕士,价值6亿多元人民币的高精尖仪器设备;2个深圳市直属重点实验室(深圳市外来有害生物检测技术研发重点实验室、深圳市超宽带通讯与射频识别重点实验室),5个研究所(依托深圳检验检疫局各检测中心人员、设备),专业研究人员近100人。3个重点研究方向是:① 生化技术包括试剂盒、疫苗、生化产品中试与验证检测;② 短距离宽带通讯、射频识别技术、移动互联网终端和应用、数据交换技术研究和应用;③ 农药残留、兽药残留、食品致病菌、动物疫病和病毒检测、化学有毒有害物质、能效检测等各类检测技术。先后主持承担国家自然科学基金3项、863项目4项、国家科技支撑计划2项、科技部公益性项目3项、国际标准2项、国家强制标准12项、质检总局科研项目30项、市科技局项目17项、市标准项目2项、省科技厅项目2项。近年获得国家科技进步二等奖2项,广东省科技进步二等奖1项、三等奖3项,市科技创新奖8项,质检总局科技兴检二等奖以上16项,国家标准创新奖7项。

检科院在深港创新圈框架下,联合香港科研机构积极开展了一系列具有明显社会效益和经济效益的科研项目,承担了深港创新圈重点课题"基于RFID的深港一体化食品安全供应链公共信息平台建设及示范性应用"。目前,该项目已在河南、湖南和深圳建立了供港猪示范区3个,示范规模超过5 000头;在深圳建立了供港活鸡示范区1个,示范规模超过25 000只;现正在供港蔬菜上进行试验。这些项目的推进在香港已受到包括大昌行物流有限公司、百佳超市等多家物流企业及超市的高度关注。通过这些项目的实施,政府监管部门实现了对食品全产业链的风险追溯,提高了食品安全的管理水平,保障了公众的饮食安全和卫生。

1. 食品安全检测技术研究基础

课题承担单位深圳市检科院很早就进行了食品安全相关工作的研究,参加并实际支持完成国家"十五"科技攻关课题"几种兽药残留的流式液相芯片检测方法及关键技术"

（2001BA804A53）通过鉴定和验收并获质检总局2009年度科技兴检二等奖，制备了金霉素、呋喃唑酮残留标示物3-氨基-2-恶唑酮及喹乙醇残留标示物3-甲基喹恶啉-2-羧酸的稳定的抗体，建立并考核这几种兽医残留的流式液相芯片检测方法及多残留流式液相芯片检测方法，研制和组装多残留流式液相芯片检测试剂。

同时开展的国家质检总局科研项目"七种禁用兽药残留的液相芯片快速高通量检测方法"、深圳市科技工贸和信息化委员会科研项目"六种常见禁用兽药残留的流法建立"式液相芯片的研制和深圳出入境检验检疫局项目"禽流感液相芯片快速检测方法的建立"等都已经结题并通过鉴定或验收；参与研究的"压电蛋白芯片用于乙肝、艾滋病、禽流感检测的方法学研究及其仪器研制"获2007年广东省科学技术二等奖。

相关论文如下：

① 詹爱军,王新卫,秦爱建,等. 蛋白A法压电免疫传感器检测H9亚型禽流感病毒的研究[J]. 畜牧兽医学报,2009,40(8):1266-1270.

② ZHAN A J,WANG X W,CHEN Z N,et al. Study on piezoelectric immunosensor for the detection of H9 sera-subtype Avian influenza virus[J]. agricultural Science & Technology.(SCI已录用)

③ 刘靖清,卞红春,詹爱军,等. 检测H5亚型禽流感的压电免疫传感器的研究[J]. 现代生物医学进展,2011,10(11),3838-3856.

④ 詹爱军,王新卫,卢体康,等. 四种重要虫媒病的核酸液相芯片高通量检测方法的建立[J].畜牧兽医学报,2010,41(2):129-134.

⑤ 詹爱军,王新卫,金鑫,等. 新城疫液相芯片快速检测方法的建立[J]. 现代生物医学进展,9(15),2903-2906.

2. 食品安全溯源研究基础

国家"十一五"食品安全重大专项支撑课题"食品安全综合示范——供港食品安全预警与产地全程溯源综合示范"（2006BAK20A29）也于2009年通过鉴定和验收，获质检总局2009年度科技兴检二等奖。本项目已成功研制多个食品安全检测领域兽药残留免疫检测试剂盒，针对供港猪、鸡，研究建立了禽流感、新城疫等动物疫病和氯霉素、克伦特罗、莱克多巴胺等兽药残留的液相芯片检测方法；建立了呋喃妥因代谢物、禽流感抗体滴度和口蹄疫等检测试剂盒及筛选方法；将研究开发的动物疫病检测方法和氯霉素、β-受体激动剂的ELISA筛选方法和仪器确证方法在内地和香港有关检验检疫机构进行了应用和比对，为确保供港畜禽食品安全提供了技术基础；形成了供港猪、鸡基于RFID技术的全程溯源的示范模式，并集成上述研究成果，实施供港猪、鸡的良好农业规范；建立供港猪示范区3个，示范规模超过4 500头；供港活鸡示范区1个，示范规模超过25 000只；示范企业的供港猪和活鸡未出现质量安全问题；取得了显著的经济、社会效益。

3. 食品安全中RFID应用研究基础

检科院与相关企业、研究机构先后牵头承担了科技部"十一五"食品安全重大专项的课题研究,2008年4月至2010年5月,承担完成了深港创新圈专项"基于RFID的深港一体化食品安全供应链公共信息平台建设及示范应用"(HZ0805003);2009年6月1日至2011年6月30日,牵头承担了科技部国家高技术研究发展计划(863计划)RFID重大专项"RFID技术在出口商品质量追溯与监管中的应用"(2008AA04A109)。863项目主要将RFID技术应用于以冷冻水饺和出口电视机为代表的出口商品的监管,搭建了出口商品溯源平台,并且在深圳淘化大同、创维RGB电子有限公司进行了产业化示范应用。这些项目为此项目产业化奠定了坚实基础。已先后发表专业论文8篇,专利9项,软件著作权5项,标准2项。

其中软件著作权3项如下:

① 《供港活猪检验检疫产地溯源系统软件V1.1》;

② 《食品安全供应链溯源信息客户端——果蔬溯源系统V1.0》,登记号:2010SR023699;

③ 《食品安全供应链溯源信息WEB平台——果蔬溯源系统V1.0》,登记号:2010SR023696。

相关专利9项如下:

① 一种基于移动互联网的便携式终端(专利号:ZL201020299842.9),实用新型专利;

② 一种嵌入式移动互联网装置(专利号:ZL200920261918.6),实用新型专利;

③ 手持式移动互联网终端(专利号:ZL200930289230.4),外观专利;

④ 一种能够自动识别的鲜活食品周转箱(专利号:ZL200920132475.0),实用新型专利;

⑤ 一种带温度记录功能的电子标签标准样品袋(申请号:201120075934.3),实用新型专利;

⑥ 一种低温环境下带电子标签的标准样品袋(申请号:201020662835.0),实用新型专利;

⑦ 一种用于信息采集的低功耗物联网终端(申请号:201120178689.9),实用新型专利;

⑧ 一种射频车载自动报站装置的采集终端(申请号:201120178692.0),实用新型专利;

⑨ 一种射频车载自动报站装置的广播节点装置(申请号:201120178691.6),实用新型专利。

标准2项如下:

① 供港活猪产地RFID全程溯源规程(申请号:2009B425.1k);

② 供港活畜产地RFID全程溯源规程(申请号:2009B426.1k)。

论文8篇如下:

① Lu Q, Yin J, Wang H Q, et al. Application of virtual port gate system based on RFID technology [C]// Conference on Information Management, Innovation Management and Industrial Engineering, Kunming, China, November 26—28, 2010: 408-412. (EI检索: 20110813688450)

② Yin J, Lu Q, Chen X, et al. IOT based provenance platform for vegetables supplied to Hong Kong[J]. CSIE 2011. (EI, Accepted)

③ 陆清,陈新,吴彦,等. 基于RFID技术的标准样品袋研究[J]. 计算机应用研究(已录用).

④ 包先雨,陆清,郑纬民. 基于ATOM的嵌入式移动互联网终端设计[C]//中国第21届计算机技术与应用(CACIS2010),2010:91-95.

⑤ Bao X Y, Lu Q, Zheng W M. An embedded mobile Internet supervision system for food traceability supplied to Hong Kong[C]// 2nd World Congress on Computer Science and Information Engineering 2011.

⑥ Bao X Y, Lu Q, Wang Y. Food traceability: General supervision system and applications[C]// The 8th International Conference on Fuzzy Systems and Knowledge Discovery, 2011.

⑦ 陆清,陈新,吴彦等. 基于RFID技术的标准样品袋研究[J]. 计算机应用研究 (已录用).

⑧ 胡威威,李军. 一种应用于车载的无线射频识别系统[J]. 中国电子工程(已录用).

4. 车载网研究基础

项目申报牵头单位(2005～2009年12月)主持完成国家质检总局车载网研究项目"皇岗口岸智能化快速通关新体系的研究——电子通道关键技术的研究与应用",并顺利通过验收。

该项目将射频识别与短距离无线通讯技术相结合引入到陆路口岸车辆监管中,在陆路建起了实用的电子通道系统,并同步进行了业务管理模式上的改革创新;开发了以RFID技术为支撑的车载卡系统,实现了深圳湾口岸、皇岗口岸、福保办口岸、文锦渡口岸以及沙头角口岸这5个陆路口岸的快速通关,极大地提高了通关效率。

相关软件著作权3项:

① "车辆备案及跨境司机管理系统(V1.0)";

② "陆路口岸全申报电子导引系统(V1.0)";

③ "百瑞I-Smart 716手持移动互联网终端集成电路"。

5. 平台设计及运行管理基础

项目主持单位完成了深圳"海港集装箱检验检疫电子管理系统(CIQ Container System for harbor) V1.0",该平台与深圳三大港口集装箱物流平台数据交换,并在国内其他口岸推广应用。

"深圳陆路口岸检验检疫电子通道业务处理平台(CGS)",该平台基于JAVA技术、OR-ACLE 9i,每天处理进出车辆数据近8万条。

目前,该系统已在深圳市的皇岗、深圳湾、文锦渡、沙头角4个口岸和福田保税区应用,共建成46个无线识别基站,安装电子卡37 581张。其中,客车22 592张,货车14 989张。对往来这5个口岸的车辆进行全申报电子导引,实现运输公司备案27 988家,货运车辆登记管理21 370家,客运汽车登记1 337家,深港小车登记24 829家,系统产生违章布控记录186 089条,抽查监控记录10 818条。

目前已有相关领域的2项软件著作权,相关专利1项,发表相关论文2篇。

2项软件著作权:

①《食品安全供应链溯源信息客户端——果蔬溯源系统V1.0》;

②《食品安全供应链溯源信息WEB平台——果蔬溯源系统V1.0》;

相关专利1项:

一种能够自动识别的鲜活食品周转箱(专利号:ZL200920132475.0)。

发表相关论文2篇:

① 陆清,王晓,刘叔义,等. 基于RF技术的口岸虚拟闸口系统的设计与实现[J]. 植物检疫,2009,23(6):32-34.

② 陆清,丁晓云,陈新,等. RFID技术在供港蔬菜卫生安全监管中的应用[J]. 现代电子技术,2010,312(1):139-142.

6. 基于Atom的移动终端开发与应用

该移动终端是由深圳市检验检疫科学研究院自主研发设计的智能移动终端产品,它主要基于Intel迅驰Atom处理器技术,并采用了45 nm制程工艺的Atom处理器以及集成显卡的低功耗同伴芯片。不仅计算速度快、功耗低、尺寸小、重量轻,而且可以顺畅地运行Windows、Linux等操作系统,并具备随时随地的互联网接入能力。目前,该智能终端已被广泛地应用到供港食品申报与追溯系统、深圳口岸应急指挥终端执法系统中。

目前已申请相关专利7项,产品品牌1个,具体如下:

① 发明专利:基于嵌入式控制器的食品溯源移动监管装置及方法,申请号:201010260549.6(实审阶段);

② 发明专利:一种电阻式触摸屏的触屏按压信息处理方法,申请号:201010259130.9(实审阶段);

③ 发明专利:一种电阻式触摸屏的校准方法,申请号:201010260556.X(实审阶段);

④ 实用新型:一种基于移动互联网的便携式终端,专利号:ZL201020299842.9(已授权);

⑤ 实用新型:一种用于食品溯源的移动互联网监管装置,专利号:ZL201020299827.4

（已授权）；

⑥ 实用新型：一种嵌入式移动互联网装置，专利号：ZL200920261918.6（已授权）；

⑦ 外观专利：手持式移动互联网终端，专利号：ZL200930289230.4（已授权）；

⑧ 商标注册证：百瑞/BRIC，编号：7647991（已注册）。

7. 科研力量

检科院是一所挂靠在深圳出入境检验检疫局归口管理的市属科研检测事业单位，是一家整合深圳出入境检验检疫局下属各检测中心科技检测资源，开展检验检疫相关基础、高新技术和应用科学以及有关软科学研究的科研机构。拥有16个国家级重点实验室和9个区域性中心实验室，拥有生化技术实验室和深圳市外来有害生物检测技术研发重点实验室，承担并建立了深圳市生化分析与检测公共技术创新服务平台。

检科院拥有各类仪器1 000多台（套），设备投资累计将近2.5亿元人民币，且90%为进口国际先进水平的仪器设备。检科院在生物及其产品检测、有害生物监测、食品生物学检测、产品化学分析与评估等方面都具有很强的技术实力和行业优势，并已经形成了覆盖工业品、食品、生物动植物及其产品的检测和科研网络。

检科院拥有本项目所需的全部相关设备，并配置有一个较为完备的芯片实验室，装备有荧光定量PCR仪、冷冻高速离心机、高效液相色谱、荧光读板机、微量分光光度仪、DNA合成仪、测序仪、芯片点样仪、紫外交链仪、杂交仪、真空烤炉、共聚焦显微镜、激光扫描仪、荧光扫描仪及图像分析系统、微生物鉴定仪、液相芯片、自动核酸提取仪及微生物实验室、基因工程室、细胞培养室等。

课题组研究人员专业涉及生物学、信息学、医学、预防兽医、电子学等学科。该项目属于交叉学科研究项目，团队人数较多，分工较为明确，研究可有序进行，能确保项目按时完成。

1.2.2 江苏省农业科学院

江苏省农业科学院是由江苏省政府直接领导的综合性农业科研机构，前身为1931年创立的"中央"农业实验所。"十二五"期间，全院新上各类项目4 945项，其中国家级项目620项，比"十一五"期间增长34.8%；到账科研经费累计达16.7亿元人民币，是"十一五"期间的1.8倍。该院的基础研究和应用基础研究能力领跑全国同类型单位，知识产权创造能力高居全国科研教学机构前列。截至"十二五"末，江苏省农业科学院全院累计获得省部级二等奖以上重大成果奖励333项。其中，获得国家级成果奖励27项。与项目相关部门（农产品质量安全与营养研究所）目前建有农业部农产加工品监督检验测试中心（南京）、省部共建国家重点实验室培育基地江苏省食品质量安全重点实验室、农业部农产品质量安全风险评估实验室（南京）等多个国家及省部级重点实验室平台。其中，农业部农产加工品监督检验测试中心是农业部农产品综合质检机构,通过农业部农产品质量安全检测机构考核、机构审查认可、实验室资质认定以及食品检验实验室资质认定,在本研究领域具有深厚的技术积累,为本项目的顺利实施打下良好的基础。

1.2.3　成都市食品药品检验研究院

成都市食品药品检验研究院是一家综合性食品药品检验研究机构,为全国18家口岸药检所之一,加挂市药品检验所、市农业质量监测中心、市种子质量监督检验站、市医疗器械及药品材料检验所牌子。该院是原国家卫计委、原质检总局、原农业部认定的首批食品复检机构,是国家食药总局认定的国家级食品安全抽检监测承检牵头机构和全国副省级城市食品药品检测机构技术协作联盟理事长单位。成都市食品药品研究院构建了成都市食品安全监测预警数据中心,整合跨域关联数据,运用"互联网+"理念和大数据技术,建立机器学习模型,探索"机器换人、机器助人"新机制,构建食品安全智能感知与响应系统,发现食品安全热点,开展食品安全风险评估与预警,实现趋势预测。全院现有在编职工264人,其中,博士5人,硕士71人,高级职称及以上人员66人,国家级专家9人,省级专家31人;拥有大型精密仪器设备1 500余台(套),原价值1.5亿元人民币。院本部占地1.67 hm^2,实验室及办公用房面积2.2×10^4 m^2。全院通过实验室资质认定的产品2 456个、参数5 278项。负责全市辖区内食品、药品、医疗器械及药品包装材料、保健品、化妆品、食用农产品、农业投入品、农业生产环境的监督检验检测、风险监测及相关领域的技术研究、标准制(修)订、技术服务及培训工作,并承担经成都口岸进口药品的通关检验;参与或主持国家级课题2项,部级课题80多项,省级课题20项,市级及企业委托、自研课题200余项;获得四川省科技进步二等奖1项、三等奖1项;获得授权或实审专利5项。

1.2.4　江南大学

江南大学是我国食品科学与食品安全领域科技创新的重要依托单位,拥有丰富的食品科技成果转化经验和优良的业绩。学校现拥有我国食品领域中唯一的食品科学与工程国家一级重点学科和食品科学与技术国家重点实验室,拥有国家功能食品工程技术研究中心、教育部食品安全国际合作联合实验室、粮食发酵工艺与技术国家工程实验室、国家食品企业质量安全检测技术示范中心(无锡)、国家粮油标准研究验证中心等平台。研究团队长期从事食品加工技术与装备的研究、教学和科技服务工作,近年来承担国家科技支撑、863计划和国家自然科学基金等国家级项目10余项,获国家技术发明二等奖及省部级奖励近10项,SCI论文总数达80余篇,申请发明专利50项,拥有食品理化、微生物、毒理学和功能性评价等相关指标检测的实验室以及实验动物中心等平台以及核磁共振、超高效液相色谱-三重四级杆质谱联用仪、生化分析仪等高端大型仪器设备,能够满足本课题的需求。为确保课题的顺利实施,江南大学的国家重点实验室、国家功能食品工程技术研究中心以及食品学院等单位的检测平台、工艺实验室等机构也将为课题相关样品分析、工艺优化、功能评价等研究工作的开展提供全方面的支持。

1.3　研究范围和目标

针对现有食品追溯技术中普遍存在的数据颗粒度大、载体多样化、接口不统一等问题,采用 B/S 架构等技术研发多载体细粒度数据转换中间件系统;采用分簇数据融合、SHA-1 散列数据加密算法和隐形水性墨水等多技术手段,实现向上防伪追溯和向下统计决策追溯,构建食品安全双向分层追溯模型;基于色谱质谱串联等方法开展化学或生物污染物的食品原料生产环境监测,构建生产环境与食品原料污染物特征的关系模型,构建不同污染物追溯系统;设计食品种植、加工生产管理等功能模块,研发食品安全双向分层追溯平台系统。

1.4　研究思路和总体方案

本课题通过深度学习、分簇数据融合及信息安全、食品危害因子识别确证等技术,明确从农田到餐桌全程的食品危害因子信息转换和防伪加密、污染物特征及消减方法的智能化应用,研发安全风险双向追溯分析系统和污染物追溯系统。

1.5　本 书 结 构

全书可大致分为3部分,安排如下:

1. 引言部分

描述研究背景和意义、前期研究基础、研究范围和目标、研究思路和总体方案等。

2. 主体部分

逐一论述各项研究内容的研究方案、研究方法、研究过程、研究结果等信息,提供必要的图、表、实验及观察数据等信息,并对使用到的关键装置、仪表仪器、材料原料等进行描述和说明。

3. 结论部分

阐述主要研究发现,包括研究成果的作用、影响、应用前景和研究中的问题、经验和建议等,并给出今后进一步研究的方向。

第2章 国内外研究现状

2.1 食品追溯常见方法

2.1.1 条形码

条形码主要包括一维条形码(EAN-13、PLU)和二维条形码(QR、VC、DM)。在食品追溯系统中,条形码技术由于价格低廉,且二维码信息储存量大、存储信息类型多样、具有加密能力及较强的纠错抗污损能力等优点,适合大面积推广使用。

赵琨等利用二维码技术及云计算技术构建了针对蜜饯类产品的食品安全溯源系统,通过收集记录生产过程中的各项原料及操作信息构建数据库,消费者通过扫描产品二维码即可获得产品各项原料及操作信息,由此建立了一套从农田到食品包装环节的溯源系统,并针对传统的消费者被动接受溯源信息的问题构建了消费者互动系统,消费者可以在扫描二维码后选择所需了解的详细产品信息并对产品进行评价,增加了消费者的话语权,厂商更是获得了消费者消费习惯的大数据。当然,该系统亦可以在其他食品中进行大面积推广。

梁琨等针对谷物追溯开发了一款基于二维码和嵌入式系统的谷物溯源信息采集传输系统,其中温度、湿度、光照及CO_2等传感器通过Zigbee模块与嵌入式核心进行信息交换,嵌入式核心还通过不同的方式与全球定位系统(global positioning system,GPS)模块、通用分组无线服务技术(general packet radio service,GPRS)模块及二维码扫描装置相连接,该装置可以实时收集传输谷物产地的环境信息,消费者在购买后扫描二维码即可了解到所购买谷物产地的信息。

沈俊炳对分解蟹肉制作的流程进行分析,使用欧洲物品编码(European article number,EAN)对生产厂家、单个商品进行身份标记,利用二维码对产品生产的6个工艺中的工人姓名、制作时间等信息进行记录,消费者可以在购买产品后通过扫描追溯码了解到相关信息,同时企业也可以实时监控产品流向,实现双向追溯。

McInerney 等通过将条形码喷涂在肉鸡的喙上来实现对家禽的标记,并通过物理磨损测试对油墨的类型进行选择优化,以便其能够更好地黏合在喙上并且可以被读取。

条码技术由于其需要光电技术进行识别而导致其多用在流通、加工阶段,且需与数据库等计算机技术结合使用才可以发挥作用。条码技术标签外露同样意味着其在供应链过程中有被修改替换的可能,如何通过计算机技术来确保信息不被修改或伪造可能会成为未来发展的方向。

2.1.2　RFID标签

RFID 起源于20世纪40年代的英国,具有很高的读写效率,能同时读取多个标签,对标签、阅读器的污染情况要求较低,可以进行穿透、无屏障的通讯,信息储存量相对较高,且可以进行动态修改以及加密,安全性高。RFID 系统可以应用于畜禽水产等活体目标养殖阶段的信息记录。RFID 标签包括低频、高频、超高频等多个频段。

利用 RFID 耳标对生猪进行溯源在四川省邛崃市得到了实现及推广,被称为"金卡猪"项目。

马莉等综合使用 RFID 技术、条码技术及数据库技术,建立了针对水产品的一套养殖管理系统。通过在养殖阶段将射频标签打入鱼体实现身份识别,流通、加工及销售阶段采用条码技术进行身份认证,在实现水产品流通过程中信息追溯的同时尽可能减少了追溯成本。

钟聪儿等综合使用 RFID、二维码和近场通信(near field communication,NFC)等技术设计了一种肉食品供应链追溯系统。养殖阶段针对野外网络条件差的情况使用自制的 RFID 复合型标签进行信息记录和身份识别;屠宰加工阶段由于牛体被分割无法使用 RFID 技术,又由于加工现场血污较多,因此使用抗污损能力强的二维码;流通阶段则利用 NFC 标签与客户进行互动。实现了从牧场到消费者的正向以及逆向追溯,展现了技术联用的优势。

赵秋艳等则提出了使用有机 RFID 标签来解决成本过高的问题,并对其在动物食品溯源系统中的应用进行了探讨。有机 RFID 采用了印刷电子技术,虽然在读取速度等方面劣于无机 RFID,但其解决了目前更为紧迫的成本及大面积推广问题,因此技术联用以及技术升级将是未来 RFID 技术得以推广的突破口之一。

Jakkhupan 等利用 RFID 技术综合实现自动即时识别以及供应链信息共享的平台,针对大米供应链建立了追溯体系,建立过程中加入了批次管理系统和电子交易系统等额外的组成部分。结果表明,附加的组件可以显著提高可追溯信息的完整性,RFID 以及该平台的合作可以提高 RFID 的业务表现。

RFID 系统还有标准不统一的缺点。目前国际上存在日本泛在网络身份表示号码(ubiquitous ID,UID)规范、欧美的电子产品代码(electronic product code,EPC)规范以及 ISO 系列标准等,我国也于2013年发布了首个 RFID 国家标准。在经济全球化、食品贸易全球化的当代,多个标准并存造成了信号互不识别等诸多不便。

2.1.3　DNA指纹

DNA指纹技术以检测生物个体在基因或基因型上所产生的变异来反映生物个体之间差异。主要包括限制性片段长度多态性(restriction fragment length polymorphisms,RFLP)、简单重复序列(simple sequence repeat,SSR)、表达序列标签(expressed sequence tag,EST)技术。使用DNA指纹技术进行品种鉴定需要先构建该品种的DNA指纹图谱。

郭春苗等利用SSR技术,从52对SSR引物中选择Vmc9a2.1、UDV-017、UDV-033和UDV-041这4条引物,扩增出32个多态性位点进行排序,构建品种指纹图谱,实现44个品种的区别鉴定,表明SSR技术具备可靠的品种鉴定能力。

巫桂芬等利用相关序列扩增多态性(sequence-related amplified polymorphism,SRAP)、简单序列重复区间扩增多态性(inter-simple sequence repeat,ISSR)、SSR技术对231份黄麻种质资源进行分析,完成了对154份黄麻品种的识别,并且得出了复合标记比单一分子标记在构建基因组图谱方面更具优越性的结论。

王瑞等则利用SSR荧光标记技术构建了我国中晚熟区主推的20个高粱品种的SSR指纹图谱,以此作为各品种特定图谱,从而为品种识别追溯提供依据。SSR及EST联用是目前最为理想的一种分子标记技术。

Bazakos等利用单核苷酸多态性(single nucleotide polymorphism,SNP)和以SNP为基础的PCR-RFLP毛细管电泳平台对来自希腊、黎巴嫩和突尼斯的13种地中海橄榄油中的6种进行了区分。

DNA指纹技术在溯源应用中需要大量的前期工作,构建数据库作为后期鉴定的基础,意味着该技术较难在基层的实际应用中大面积推广,但由于其溯源具有足够的深度,成熟之后会有较大的应用价值。

2.1.4　虹膜识别

在食品安全问题日益突出的背景下,虹膜识别技术在食品追溯领域的应用也渐渐引起了人们的注意。虹膜识别的唯一性、稳定性、低错误率以及非侵犯性等优点让其成为了21世纪非常具有发展潜力的生物识别技术。

罗忠亮等将肉类食品可追溯体系分为大型动物个体识别平台、信息采集与传送平台以及信息共享与服务平台3大平台,利用虹膜识别技术对大型动物个体进行个体身份标记,肉品相关供应链中的参与者需要提供如屠宰信息、加工信息等,将这些信息连同身份信息输入RFID标签进行记录来达到溯源目的。

方超等对大型动物的虹膜识别进行了研究,通过将虹膜编号与分割批号等相连接并转化为电子编码储存于电子标签中的方式构建了肉类食品的可追溯系统,实现了动物活体与分割肉的关联。但与此同时也发现针对牛眼的虹膜识别仍然存在图像采集困难、虹膜定位及其纹理的识别同人眼识别差异较大,需要特殊的提取方法等问题。

李超等则针对牛眼虹膜定位难的问题提出了一套新颖的算法,经过仿真实验认为该算法能有效地避免信息丢失,表现出较高的精确性及实时性,具有较高的实用价值。

虹膜识别系统的工作方式意味着虹膜识别技术同DNA指纹技术一样需要一个庞大的数据库作为支撑,而对于大型动物的虹膜识别,目前还处于试验阶段,相关文献也较少。

2.1.5 区块链

2018年10月8日美国科技巨头IBM在新闻发布会上透露,经过18个月的测试,该公司正式推出基于区块链的食品跟踪网络"Food Trust"。IBM Food Trust为零售商、供应商、种植者和食品行业供应商提供来自整个食品生态系统的数据,以实现更高的食品可追溯性,增加透明度并提高效率。使用区块链进行可信交易,只需短短几秒即可快速追溯食物来源,而无需花费几天甚至几周时间。与传统记录系统不同,区块链的属性和授权数据的能力使网络成员能够获得更高级别的可信信息。交易得到多方认可之后,将得到唯一的真实版本,不可篡改。IBM Food Trust采用去中心化的模式,允许食品供应链的多个参与成员(从种植者到供应商再到零售商)在基于许可的区块链网络上共享食品原产地详细信息、处理数据及运输信息。区块链上的每个节点都由一个单独的实体控制,而且区块链上的所有数据都是加密的。区块链网络的去中心化特征使各参与方能够互相协作以确保数据可信。作为迄今为止推出的规模最大、最活跃的企业区块链网络之一,IBM Food Trust成员开创了完善的网络治理模式,以确保所有参与者的权利和信息得到严格的保护与管理。治理模式确保每个成员遵守相同规定。上传数据的组织继续拥有数据,并且数据所有者是唯一可以提供数据查看或共享权限的机构。区块链网络管理的关键问题已经全部被解决,包括数据输入、成员资格、互操作性和安全性以及硬件要求,同时提供了一种统一的方法对数据进行标准化。IBM Food Trust现已面向全球推出,并在IBM Cloud上运行,拥有企业级的安全性、可靠性和可扩展性。该技术的基础基于Hyperledger Fabric,这是由Linux Foundation提供的开源区块链框架。此外,该网络还与食品行业广泛采用的GS1标准兼容,以确保可追溯系统的互操作性。参与者可从IBM Food Trust的3个SaaS模块中选择针对小型企业、中型企业及全球企业的不同定价,价格从每月100美元起。供应商可免费向网络提供数据。追溯模块使得食品生态系统的成员在几秒内就能更安全地追踪产品,从而帮助减轻交叉污染、减少食源性疾病的传播和不必要的浪费。如果使用其他方法,这一过程通常需要数周才能完成。认证模块可协助验证数字证书的来源,例如有机认证或公平交易认证。同时,它还使整个生态系统的参与者能够轻松地以数字化方式加载、管理和共享食品认证,从而将证书管理速度最多提高至30%。数据输入和访问模块允许成员安全地上传、访问和管理区块链上的数据。

2.1.6　其他超微分析

其他超微分析包括了同位素指纹分析、矿物元素指纹分析、有机成分分析、微生物菌群分析等。

同位素指纹分析技术在葡萄酒、乳制品、谷物以及肉类等很多食品的溯源中普遍适用。王红云等以太行山区的赞皇大枣和婆枣作为研究对象,分析了 ^{15}N 值在不同环境、组织、品种及采摘时期条件下的变化规律,分析得出枣肉中的 ^{15}N 值差异不显著,而品种、地域、采摘时期均对枣肉中 ^{15}N 值有影响且三者具有协同作用。邵圣枝等通过测定稻米中同位素比值及多元素含量结合主成分分析法和线性判别分析法建立模型,对不同省份的稻米进行了身份识别,正确率达91%。Behkami等利用马来西亚地区奶牛牛尾毛中 ^{13}C 和 ^{15}N 含量信息建立了马来西亚地区奶牛的地域数据库,并与牛奶中两种同位素含量进行了比对,结果表明两者之间存在显著的正相关。

同位素溯源技术作为一项新技术依然有很多问题亟待解决,不同来源及种类的食品的有效溯源指标依然没有确定,外界环境对同位素丰度的影响规律还不明晰以及在全球范围内的同位素指纹溯源数据库仍未建立等,这些都对同位素溯源技术的推广应用造成不便。

2.2　国外食品追溯体系

2.2.1　美国

美国实行食品安全跟踪与追溯系统。

美国从"生物反恐"的角度把农产品物流追溯体系建设上升到国家战略安全的高度,于2002年通过《公共健康安全与生物恐怖应对法》,提出"实行从'田间到餐桌'的风险管理",要求相关企业必须建立可追溯体系;同时,对输入美国的生鲜农产品要求必须提供详细的档案信息且能在4小时之内进行回溯,否则美国将有权对该批农产品就地销毁。2003年5月,美国食品与药品监督管理局(FDA)又公布了《食品安全跟踪条例》,要求涉及食品运输、配送和进口的企业对食品流通过程中的全部信息进行记录并保全,并要求大企业的可追溯体系必须在一年内建立。2004年,美国启动国家动物标识系统(NAIS),对动物个体或群体的出生地和移动信息进行标识,确保在发现疫病时,能在48小时内确定所有与之发生直接接触的企业。2005年,美国《鱼、贝类产品原产国标签暂行法规》正式实施,对鱼、贝类产品包括进口产品或混合产品的原产地信息和产品生产方式信息的标注进行了严格的规定。在具体执行过程中,美国农产品的物流追溯体系主要从农业生产、包装加工和运输销售3个主要环节进行控制和管理,通过产品供应商(运输企业除外)建立的前追溯制度和后追溯制度形成完整的可追溯链条,当任一环节出现问题时,通过前追溯制度可以查到问题的根源并进行及时处理。运输和销售过程实行食品供应可追溯制度和HACCP(hazard analysis and critical control point,危害分析及关键点控制)认证制度,运输企业主要负责将供应商可追溯信息转给批发商或零售商。

2.2.2　欧盟

欧盟实行牛畜体身份登记系统(TRACES)。

欧盟的农产品物流追溯体系最初是为应对疯牛病于1997年逐步建立起来的,在2000年1月发布的《食品安全白皮书》中,首次将“从田间到餐桌”的全过程管理纳入食品安全体系,采用HACCP食品安全认证体系,对农产品的生产、加工和销售等关键环节进行追溯。2002年1月,欧盟颁布《通用食品法》,要求农产品经营企业对其生产、加工和销售过程中使用的相关材料也要执行可追溯标准,同时规定自2005年1月1日起,欧盟境内的农产品都要求具有可追溯性,特别是在欧盟销售的肉类食品,不具备可追溯性则不允许上市交易。目前,欧盟采用国际通用的全球统一标识系统(EAN-UCC系统)对农产品进行跟踪和追溯,在产品标示和可追溯方面走在世界前列。

2.2.3　澳大利亚

澳大利亚实行国家牲畜标识计划(NLIS)。

澳大利亚70%的牛肉产品销往海外。通过实行国家牲畜标识计划(NLIS),澳畜产品得以顺利出口欧盟,总值约每年5 200万澳元。NLIS是一个永久性的身份系统,能够全程追踪家畜从出生到屠宰的全流程。家畜个体采用经NLIS认证的耳标或瘤胃标识球来标识身份,牛迁移到新的地点时,农场、寄养销售场或者屠宰场的射频身份读取器将读取信息并在NLIS数据库中记录其移动。NLIS的优点是通过将个体信息与家畜个体生产数据关联,改善管理和提高育种决策能力,满足消费者需求;通过自动数据采集,提高家畜个体记录准确性。澳大利亚肉类食品安全追溯监管体系相对比较成熟,信息系统的建设也比较完善。

2.2.4 日本

日本是在21世纪初暴发疯牛病、发生金黄葡萄球菌污染奶制品等农产品质量安全事故的背景下开始推动食品可追溯制度建设的。最开始是在肉牛生产环节引入可追溯系统。2003年4月,日本组织专家制定并公布了《食品可追溯指南》,为农产品生产经营企业在生产、加工、流通等不同阶段建设可追溯系统提供详细指导;同年,日本对牛肉的生产、加工、流通到销售整个供应链实现全程追溯;2005年,日本农业协作组织(简称农协)对通过该协会统一组织上市的肉类、蔬菜等所有农产品实现可追溯。目前,在日本推动农产品物流追溯体系建设过程中,除政府强制实行外,另有一部分企业为打破可追溯体系形成的贸易壁垒,自主建立了农产品可追溯系统,其中,尤以日本农协推行的"全农放心系统"最具代表性。

以上各国家和地区的主要农产品可追溯法律、法规见表2-1。

表2-1 欧盟、美国、日本主要农产品可追溯法律、法规及其核心内容

国家(地区)	主要法律法规	时间	核心内容
欧盟	89/396号法案	1989年	较早对食品进行追溯的法案,要求对食品批次进行标记,通过批号编码识别来源
	820/97和1141/97号条例	1997年	要求对牛肉和牛肉制品进行标识和登记,并加贴标签
	1760/2000号法规	2000年	又称《新牛肉标签法规》,要求自2002年1月1日起,欧盟成员国内所有上市销售的牛肉产品必须具有可追溯性
	《食品安全白皮书》	2000年	首次提出对农产品进行"从农田到餐桌"的全程管理,包括农田生产控制、普通动物饲养及其健康与保健、污染物及农药残留,生产加工环节的添加剂和香精、饲料生产、农场主和食品生产者的责任等
	49/2000号条例	2000年	要求对含转基因物质的食品进行强制标识
	178/200号法令《通用食品法》	2002年	明确提出对农产品生产、加工和销售过程使用的相关材料信息进行追溯,要求凡在欧盟销售的食品必须带有可追溯标签,特别对在欧盟销售的肉类食品要求实行强制跟踪与追溯,否则不能上市交易
	2295/2003号法规	2003年	要求根据欧盟第1907/90号、第1906/90号法规对蛋类和禽类产品进行追溯
	1830/2003号法规	2003年	要求对含转基因物质的食品和饮料进行标记和可追溯
	852/2004号法案	2004年	对饲养动物所用药物、添加剂、农作物及杀虫剂和使用饲料的性质、来源和使用进行追溯

国家（地区）	主要法律法规	时间	核心内容
美国	《生物反恐法案》	2002 年	首次提出"实行从农场到餐桌的风险管理"，要求对农产品实行从生产、加工、包装、运输到分销和接收整条供应链环节实现可追溯性。同时规定，自 2003 年起，输入美国的生鲜农产品必须能在 4 小时内提供回溯的产品档案信息，否则有权对该批产品进行就地销毁
	《食品安全跟踪条例》	2003 年	从流通的角度要求全美所有涉及食品运输、配送和进口的企业都要对食品流通过程的信息进行记录并保存，同时要求各企业在规定时限内建立可追溯体系
日本	《农业标准法》	1950 年	明确建立农产品标识制度，确立食品品质标识标准，并在此基础上推行农产品追溯系统
	《转基因食品标识法》	2001 年	对部分通过安全认证的农产品如大豆、马铃薯、玉米、油菜籽、棉籽及以其为主要原料加工的食品制定了详细的标识方法
	《食品安全基本法》	2003 年	确立了基于科学风险评估的食品可追溯性原则
	《牛肉可追溯法》	2003 年	确定了牛肉及其制品的标示和可追溯制度
	《大米可追溯法》	2011 年	要求对进口农产品实施可追溯法规，对大米要追溯至原产地县级

2.3　中国食品追溯体系

中国的食品可追溯体系可以简单分为"政府主导型""企业自建型"及"第三方认证型"。

2.3.1　政府主导型

2.3.1.1　深圳市

自 2014 年以来，深圳市就建立了食品安全追溯信用管理系统，变监管为服务，以索证索票为核心，以商品条码为抓手，以大型商场超市为主渠道，实现企业资料管理、食品信息及资质管理、从生产到销售的追溯链条管理、食品和企业风险评价等，并实现 22 万多种预包装食品种类"从生产到销售"食品追溯，厘清各方追溯责任。深圳的食品安全追溯体系的建设包括食品安全追溯信用管理系统建设、追溯标准建设、数据采集、应用推广、风险评价、大数据分析、食品追溯体系认证、智慧监管可视化展示等内容，实现了企业身份在线查验，明确了追溯链条中企业的责任关系。系统不仅要将企业追溯链条主体客体的数据收集起来，还要对其加以深入应用。以食品追溯系统中的企业、产品追溯信息为基础，结合政府监督抽查数据,建立科学的风险评价模型,实现深圳市预包装食品和供应商风险评价,为消费者、供应商和商超提供食品风险信息和风险预警。风险评价模型的建立,为企业和监管人员提供高效客观的参考依据,并有利于监管部门明确监督抽查目标。深圳市食品追溯体系建设配套的食品安全追溯APP以商品条码为入口,通过扫码实时查询食品追溯信息,实现食品从厂家到售卖商超的全过程追溯信息展示,清晰显示食品来源、授权链条,可以查看食品生产、流通中涉及的证照、资质。同时,可查看商品基本信息、监督抽检信息、风险评分等。深圳追溯体系建设的亮点在于坚持企业主导内部追溯,政府监管外部追溯,内、外部追溯相结合的理念。这一体系参考国外监管经验,以追溯认证为纽带,衔接政府监管和企业内部管理,引导企业完善自身的追溯体系建设,培育监管新模式,减少执法压力,在食品安全追溯体系建设中使用国际通用的GS1系统,实现产品全流程系列化的编码标识,有效实现产品溯源。

2.3.1.2 广州市

1. 建设方案

基于区块链技术构建一套覆盖生产、运输、销售到消费的全过程食品安全追溯管理平台,通过将区块链算法及基于物联网的一物一码等安全策略相结合,对食品从供应商生态系统到商店货架最终到消费者的流通全程进行数字化跟踪,保证每笔交易信息都得到商业网络中所有成员的共同许可而成为无法更改的永久性记录,实现对食品安全产销进行追溯查证、过程追踪、风险预警和应急处理。平台建设内容包括:① 基于区块链的分布式记账系统,负责将食品原始信息和流通过程的交易信息基于哈希加密算法进行加密后,采用在链加脱链的模式,将数据分别存储在区块链及云共享数据库上,并基于投票共识机制确定区块的记账人来保证数据信息的公开透明和不可篡改,提高系统数据的存储及计算效率;② 基于区块链的食品追溯管理系统,通过对各环节信息的连接与记录实现对食品从"田头到餐桌"整个生命周期的跟踪与追溯,实现食品从供应链的上游至下游跟随一个特定单元或一批产品运行路径及从供应链的下游识别一个特定单元或者一批产品来源的能力;③ 基于大数据的追溯信息分析系统,针对平台采集的大量食品原始数据和交易数据,基于HADOOP平台对数据进行存储计算,实现了食品数据存储子系统、食品数据采集子系统、食品数据搜索子系统、食品数据展示子系统和食品大数据分析主题模型5部分功能,为政府或食品相关企业的运营管理提供高效、稳定、专业的数据检索和建模分析服务。

2. 平台架构

平台采用分层的结构设计,提供基于SaaS的云计算和服务模式,各类应用系统在区块链和物联网的云计算平台应用支撑体系下运行。

第一层是基础设施层。包括各类服务器、网络设施、安全设施、存储设备、RFID数据采集设施、各类系统软件、机房及配套设施。其中传感器模块包括温度传感器、湿度传感器、加速度传感器、压力传感器等,通过传感器捕获异常后实时采集数据上传通信网络写入区块链系统中。

第二层是云计算平台层。该层包括虚拟化平台、云计算管理平台以及各种虚拟的基础设施。

第三层是数据层。业务数据采用区块链＋云数据库的在链加脱链的存储算法进行数据存储,所有区块都带有上一区块的指针引用,保证数据不被篡改。

第四层是网络层。该层实现互联网、物联网和4G等网络的接入,技术实现上在区块节点交互用的是NIO Socket,节点启动后会进行自检并主动上报自己的IP和端口到网络中,其他节点会对其上报的信息进行验证,如果验证通过,所有节点会将可用节点的IP地址和端口存储到本地,下次启动会直接连接无需再次探测;若验证多次不通过,将从存储队列里面删除。

第五层是共识支撑层。采用有投票权的结点投票竞争算法来规范节点行为,在兼顾性能的同时维护效率。

第六层是应用层。实现了基于区块链的分布式记账系统、基于区块链的食品追溯管理系统、基于物联网感知探测数据采集系统和基于大数据的追溯信息分析系统等功能。

3. 应用前景

基于区块链技术的食品安全品追溯平台未来的发展方向包括:① 结合食品供应链本身的特性,充分利用物联网的优势,来打造智能食品物联供应链安全追溯体系;② 结合电子政务和对应食品监管体系,来打造健康安全的农工商货物流转体系;③ 充分利用智能合约和现在较流行的共享经济应用,进一步打造去中心化智能共享经济社会;④ 针对食品在供应链的流通过程,会产生更多的资金流、信息流和商业流。通过对整个资金流的分析,结合区块链特性,可以发展出上下游供应链金融体系;⑤ 考虑到商品在库存环节,结合凭证,配合区块链信息透明特性、不可篡改的特性,可以看到其应用在票证领域以及资产证券化方面的应用可能。

2.3.1.3　天津市

天津市猪肉质量溯源平台基于个人手持终端(personal digital assistant,PDA)和移动通信技术研发的肉食品供应链追溯系统实现了正向追踪和反向溯源。采用动物的标识技术、PDA智能识读技术、GPRS技术、Intranet和Internet等技术,结合我国《畜禽标识及养殖档案管理办法》,提出了基于猪肉安全生产的物质流与信息流的跟踪与溯源流程,设计了集约化养猪场及农户散养模式下的养殖环节的元数据、猪只屠宰与销售环节的元数据及相应的关系型数据表,开发了养殖环节、屠宰环节与销售环节的数据记录系统以及面向政府监管和消费者查询的公共网络平台。开发的集约化养殖过程信息系统在记录猪只各种事件数据的基础上,具有对饲料添加剂和兽药使用的业务预警功能,能及时向溯源中央数据库提交出栏猪只的养殖过程事件;开发的PDA数据采集系统,能移动采集散养猪只的养殖事件数据,并通过GPRS远程提交溯源数据;开发的基于WEB技术的天津猪肉质量溯源平台,具有在线集成来自养殖、屠宰和销售环节的各种标识数据和有关猪肉质量安全的数据,并实现标识的转换与数据的关联,最终实现从生产源头向消费终端的跟踪和反方向的可追溯。

2.3.1.4 福建省

2017年福建省人民政府办公厅印发了《福建省食品安全"一品一码"全过程追溯体系建设工作方案》,该方案的建设目标是对在福建省内生产和流通的所有食品进行追溯码编码,以"一品一码"为总体思路,构建数据驱动、多方协同的食品安全治理模式,建立覆盖种植养殖、生产加工、仓储物流、终端销售、检验检测、政府监管、企业管理、公众查询等各环节的食品安全追溯管理体系。所谓"一品一码",是指"一个批次产品有且仅有一个对应的追溯码"。但从"一品一码"的内涵延展开,应认识到"一品"指的是追溯体系中的追溯单元(某个消费商品),"一品一码"即要求一个追溯单元有且仅有一个对应的追溯码。追溯单元依据不同的食品类别,在不同的节点上有不同的追溯单元内涵,例如,对于初级农产品或植物性原料来说,"一品"只能是基于某一地块或某一个农户;对于猪、牛等大型动物性初级农产品,可以是某头猪或某头牛;对于预包装的食品,一个最小零售单元可以为"一品",最小零售单元的组合包装也可以为"一品";在运输管理过程中,"一品"的含义即为储运包装单元或物流单元。就"一码"而言,首先,"一码"必须在食品供应链的各节点上对"一品"具有独特唯一性标识;其次,"一码"必须具有"一品"在食品供应链中追溯码的采集与传递食品质量安全信息的功能;第三,"一码"不仅仅作为追溯码,还具有食品在供应链中的其他功能,如贸易、物流管理和统计分析等功能,以避免"一品"在不同的应用场合有不同的代码。

2.3.1.5 四川省

四川农产品质量信息追溯平台以农产品供应链信息(原料来源—加工过程—成品检验—物流渠道—销售地点)电子记录为基础,实现茶叶、柠檬、羊肉、水果等农产品从原料到销售的全过程追溯。应用物品编码技术,建立以农产品供应链信息(原料来源—加工过程—成品检验—物流渠道—销售地点)电子记录为基础的信息追溯系统,实现农产品从原料到销售全过程、无缝隙的信息跟踪与溯源,最大限度降低市场信息不对称,促进企业严格自律、诚实守信地生产经营,提升产品质量;推进消费者明白、放心消费,重塑消费信心;协助监管部门有效、及时地监督和预警(召回),以便维护稳定市场秩序。通过实施基于条码/RFID技术的农产品质量追溯系统,在产品生产过程中进行关键数据的收集,最后做到通过一个唯一的产品系列号或唯一条码能追溯每个产品生产过程的所有关键信息。

通过本平台将四川特色农产品分类建立追溯,如蔬菜瓜果业、畜产业、水产业的四川名优、特色产品,既可以有针对性地对这些农产品实施追溯,也可以促进企业质量诚信体系建设,强化以企业为主体,行政部门进行质量安全动态监管,提高企业质量安全管理的信息化水平,更加及时、有效地处置质量安全事件。

2.3.1.6 台湾省

台湾省农产品生产追溯系统可见 https://qrc.afa.gov.tw/。

农产品生产及贸易在台湾省经济中占有重要地位。为了应对日益严峻的全球性食品安全问题,保障消费者的生命安全和健康,满足国际农产品贸易对产品必须具备可追溯性的要求,台湾省"农委会"于2004年开始构建农产品追溯体系,到2007年建立起覆盖农渔牧产品的农产品产销履历制度。产销履历农产品标签产生于台湾省农产品安全追溯系统(Taiwan agriculture and food traceability,简称TAFT),农产品生产者利用该系统打印标签,逐批张贴于产品包装后出货。TAFT系统是"农委会"基于信息透明化、可追溯性以及互信原则开发的产销履历农产品信息管理服务系统。系统中农产品产销履历信息包括产品、生产者、生产过程信息、运输销售过程信息和检验结果等,主要由农产品生产者记录。通过TAFT系统可以对农产品供应链全过程的每一个节点进行有效标识,建立各个环节信息管理、传递和交换的方案,从而对供应链中原料、加工、包装、储藏、运输、销售等环节进行跟踪与追溯,及时发现存在的问题,进行妥善处理。条码是相关信息的载体,通过扫描可以获取各个节点的有关资料编码信息,每一个产品均给予一个追溯编号。TAFT系统设有消费者查询端口,即台湾省农产品安全追溯信息网(taft.coa.gov.tw)。消费者买回贴有产销履历标签的农产品时,可以通过登录该网站,输入追溯号码,即可了解该农产品主要产销履历信息。至2011年12月底为止,有1 174家农产品生产者进行了产销履历验证,144种农产品取得产销履历农产品标识。

2.3.1.7 国家发改委

国家食品安全追溯平台是国家发改委确定的重点食品质量安全追溯物联网应用示范工程,主要面向全国生产企业,实现产品追溯、防伪及监管,由中国物品编码中心建设及运行维护,由政府、企业、消费者、第三方机构使用。国家追溯平台接收31个省级平台上传的质量监管与追溯数据;完善并整合条码基础数据库、QS、监督抽查数据库等质检系统内部现有资源(分散存储、互联互通);通过对食品企业质量安全数据的分析与处理,实现信息公示、公众查询、诊断预警、质量投诉等功能。国家追溯平台具有权威性、唯一性、开放性、国际性、标准性、灵活性、易用性等特点。中国物品编码中心从全球统一编码标识(GS1)商品条码切入国家食品(产品)安全追溯平台,在原国家追溯平台功能基础上增加了物流托盘管理的相关操作,该平台能够自动生成SSCC(serial shipping container code,系列货运包装箱代码)以及自动生成物流标签,方便企业用户下载打印,帮助企业更规范、更便捷地使用物流标准托盘。SSCC对每一特定的物流单元的标识是唯一的,并基本上可以满足所有的物流应用,其采用GS1-

128条码作为数据载体。SSCC与EDI或者XML结合起来使用,可把信息流和货物流有机连接起来,能够大大提高货物装载、运输和接收的效率,进而提升整个供应链的效率。

2.3.2　企业自建型

伊利牛奶企业建立了从奶牛养殖、产品生产加工到物流配送等环节的追溯体系。伊利奶品追溯系统通过为每头奶牛建立一个身份档案,通过利用信息化技术来记录奶牛从出生到养殖的详细信息,甚至记录每次挤奶的全过程,在原奶进厂后生成随机的二维码,记录奶品的全部信息:奶源取自哪一头奶牛,奶牛的生长、养殖情况,奶品的生产、流通、销售环节,等等。通过伊利奶品追溯系统实现了所有产品的全程可追溯,可对奶牛养殖、原奶运输、辅料库管理、生产过程控制、出厂检验报告、产品运输配送、销售记录等进行实时监控和查询。通过该追溯系统,伊利的有关人员可以根据产品上的条形码详细追溯该产品的生产信息,比如产自哪个厂区、哪个车间甚至是哪一批奶牛以及供应奶牛的饲料等相关数据。伊利通过搭建追溯系统不仅实现了从最初的数字码追溯到开放式手机追溯的巨大跨越,还通过二维码防伪技术、信息加密技术,为每件奶制品建立了代表身份的二维码,从而实现了对每个奶制品的物流、信息流的监管和控制,可有效实现奶制品生产、流通、销售等环节的追溯;还能实现对仓库运行的管理,对每一件产品进行防窜货稽查,实现了产品的防窜货管理功能,从而稳定了市场秩序并有效地防止了窜货乱象。伊利通过搭建追溯系统让伊利的奶制品能实现生产、流通、销售全程可追溯,让企业能真正意义上实现食品安全链条可视化、数据化。伊利奶品追溯系统的出现让每一件奶制品的来源可追、去向可查,实现了追溯信息的共享,能够有效地加强食品安全监管,更好地保障消费者权益。

2.3.3　第三方认证型

2.3.3.1　中科院软件所

中国科学院软件应用技术研究所(中科院软件所)建立了面向食品产品生命全周期的分布式食品电子追溯平台。此追溯平台基于分布式架构,通过建立统一的商品流通数据池,将食品生产和流通全供应链以及监管部门数据打通。基于商品流通数据池,不仅可以追溯到商品的生产和流通信息,查询到商品的检验检疫信息,还可以向食品供应链上的各个企业提供产品销量分析、产品存量分析等企业增值服务。平台依据(原)国家食药监总局拟定的食品电子溯源标准建设数据库和数据接口标准,保证了接口的标准性和与其他溯源平台的兼容性。目前该平台已在广东省上线运行,实现了省内流通的婴幼儿配方食品(乳粉、米粉、谷粉等)、食用油和酒类等重点监管品种的追溯和食品全品种可查询。公众可利用广东食品溯源门户、移动 APP、微信或超市内的自助终端,通过扫描或者输入追溯码、商品码等方式,查询食品生产企业许可信息、产品抽检信息、流通环节信息,对有追溯码的产品还可实现真伪查询。平台为食品企业提供生产经营管理服务,为监管部门提供食品生产流通全周期的正向和逆向追溯服务,为社会大众提供多种方式的食品溯源服务。

2.3.3.2 云南农科院

云南农科院基于云计算的蔬菜产品质量安全追溯系统采用基于云计算服务器的B/S多层分布式体系架构和模块化设计,在追溯编码及二维码运用、数据库管理、移动数据采集、远程视频监控、追溯信息查询等方面整合应用云计算技术,开发了基于云计算技术的蔬菜产品质量安全追溯系统,利用阿里云提供的 ECS 云服务器环境予以部署实现。该系统采用基于B/S的多层分布式体系架构设计,分为设备层、数据层、应用层和展示层。其中,S端基于云计算服务提供商提供的云服务器,用于部署系统网站、应用和数据中心。云服务器ECS是阿里云提供的一种简单高效、处理能力可弹性伸缩的基础云计算服务,无需提前采购硬件设备,根据业务需要创建所需数量的云服务器ECS实例即可建立网站和数据中心,实现数据的存储和灵活访问。系统提供了手持终端、PC管理后台、PC网站、智能手机等多渠道录入/查询通道,有效解决了追溯信息的实时采集与上传、追溯信息可信度低、系统易用性差、建设运维成本高等问题。利用云计算提供的服务器、存储、网络带宽、应用程序和服务等计算资源搭建蔬菜质量安全追溯系统平台,具有资源选择高弹性、系统上线及运行维护低投入、数据访问稳定安全等特点,为中小企业独立建设应用追溯系统提供了便利。基于云计算技术的蔬菜产品质量安全追溯系统较易在中小企业普及和推广应用,有利于企业以追溯体系建设带动品牌创建和商业模式创新,为蔬菜产品实现全程可追溯、保障质量安全。

2.3.3.3 吉林大学

吉林大学开展了基于NFC技术的生鲜农产品供应链可追溯系统设计及应用研究。

"敏捷性"作为生鲜农产品供应链有效感知市场变化的重要能力,是生鲜农产品供应链在竞争中取得优势的关键,并能够根据客户的要求提供相应的产品和服务。因此,组织敏捷性作为生鲜农产品供应链的一种能力是其自身产生的,而自身产生的能力需要供应链具备相应条件,即随时获得生鲜农产品市场信息的技术保障体系。生鲜农产品市场信息是指客户、竞争对手、技术及管理等方面的信息。了解生鲜农产品变化的规律,随产品变化而调整供应链的运作管理能力,通过对供应链的人员和资源的分配、内外结合提升其竞争优势。NFC 技术的灵活性可提高生鲜农产品供应链可追溯系统负载能力和系统软件易部署能力,提高生鲜农产品供应链应对市场变化的能力,从而提高系统运行的敏捷性。NFC技术的优点在于不需生鲜农产品供应链重复性地购买服务器、客户端等硬件,就能大幅提高对消费者的服务水平,消除信息技术硬件基础设施投入大的资金瓶颈,并能提高生鲜农产品供应链可追溯系统的负载能力,从而提高了面对生鲜农产品市场剧烈变化的能力。首先,NFC技术的应用可以降低生鲜农产品供应链的运行成本并提高运行效率;其次,NFC技术的灵活性使得生鲜农产品供应链可依供应链的工作流程的需求快速部署系统平台软件,而不受原来系统软件架构的限制,提高供应链系统应对内外部变化的能力。NFC技术因其灵活性可通过提高生鲜农产品供应链运行的敏捷性来应对市场的变化。生鲜农产品供应链的不稳定性,是生鲜农产品消费者的消费偏好、消费群体不稳定和市场参与者的激烈竞争所导致的,生鲜农产品供应链必须不断更新产品和服务来应对这种不稳定。而生鲜农产品供应链产品的更新必须与供应链的信息系统相对接,才能满足供应链的管理需求,否则生鲜农产品供应链难以与市场变化同步,从而导致供应链的盈利能力下降和运行成本增高。因此,供应链的信息系统必须随时更新才能应对市场的快速变化。这就要求新的信息系统具有灵活性和可扩展性,而基于NFC技术的生鲜农产品供应链可追溯系统正好能满足这种需求。NFC技术的灵活性可以满足生鲜农产品供应链信息系统对拓展和改变的需求,能够根据生鲜农产品种类和服务的变化,快速传递信息,应对市场的快速变化,稳定生鲜农产品供应链的运行。

此外,通过对NFC标签的物理结构进行规划和设计,将NFC标签按生产、加工、配送和销售四大环节划分为16个扇区,并对每个扇区的段、块和字节功能进行划分,形成NFC标签的存储、加密及校验功能,实现NFC标签对生鲜农产品唯一性、数据真实性的保护。对NFC标签的加密过程进行了设计,利用DES和RSA算法对NFC标签进行加密和解密,并给出了相应的算法过程,并将生鲜农产品供应链可追溯系统划分为物理层、服务层、数据层和应用层等4个层次,并设计了可追溯系统信息流程,按照系统功能模块将系统分为企业管理模块、用户查询模块、政府监管模块,并按三大管理模块对生鲜农产品供应链进行追溯。在生鲜农产品从生产到消费的整个过程中,影响生鲜农产品质量安全的因素很多,各种风险因素不只是存在于其中的某个环节上,而是存在于生鲜农产品供应链的各个环节,无论生鲜农产品是基地生产、个体生产,也无论是生鲜农产品的加工、运输和销售都可能存在安全风险,因此,只有实现生鲜农产品全生命周期无信息盲点的监管和控制,才能确保生鲜农产品的安全。该系统用事前采集的数据与整个过程自动采集的数据相对比,判断信息来源的可靠程度,确保不合格的生鲜农产品不会流入市场,起到生鲜农产品安全预警的效果。而系统自动采集信息的过程和处理流程,利用物联网的理论,在生鲜农产品供应链各个节点采用NFC射频技术,使得生鲜农产品能够进行信息交换并自动上传至系统中心,无需工作人员的参与,以保证相关信息的真实性。

第3章 食品安全多载体细粒度数据转换研究

3.1 概　　述

条码技术是当今最流行的标识技术,同其他自动识别技术相比具有准确性高、速度快、标识制作成本低等优点,因而广泛应用于交通运输、商业贸易、生产制造、医疗卫生、仓储、邮电系统、海关、银行、公共安全、国防、政府管理、办公室自动化等众多领域。而随着现代物流强调标准化和高效化的发展方向,各行业对产品的溯源要求越来越高,物流环节上各个组成部分的实时变化与进展信息越来越被现代物流企业所重视。条码因其固有的缺陷,不能完全满足快速、实时、准确的信息采集和处理要求。电子标签技术的产生为物流行业带来了新的革命,其具有数据存储容量大、可重复读写、安全耐用等优点,能够广泛应用在现代物流供应链上的生产管理、运输管理、仓库管理、物料跟踪、运载工具和货架识别、商店等场合。

二维码(2-dimensional bar code)是一种比条码更高级的标识格式。二维码是用某种特定的几何图形按一定规律在平面(二维方向上)分布的、黑白相间的、记录数据符号信息的图形,条码只能在一个方向(一般是水平方向)上表达信息,而二维码在水平和垂直方向都可以存储信息。条码只能存储数字和字母信息,而二维码能存储汉字、数字和图片等信息,具有储存量大、保密性高、追踪性高、抗损性强、备援性大、成本低等优点,因此二维码的应用领域要广得多。目前二维码已经广泛应用于支付、商品防伪、商品标识等领域。

电子标签应用逐渐普及,然而受生产工艺和价格成本所限,还不能广泛应用于标识单个个体;而条码标签具有价格便宜的优势,将两者结合起来应用于商品供应链全过程管理,具有重要的现实意义。

在实现物流供应链标识过程中,当需要电子标签数据、条码、二维码之间相互转换以及电子标签、条码和二维码技术共同应用于商品的标识时,建立起电子标签与条码互通性规则,解决物流行业中两者之间的转换,对于加强对商品供应链实时监管具有重要意义(图3-1)。

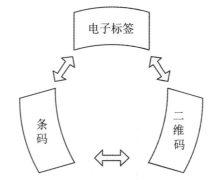

图 3-1　电子标签、条码、二维码相互转换概图

3.2　转 化 模 型

电子标签与条码的转换模型如图 3-2 所示。

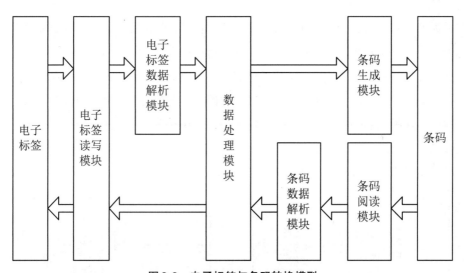

图 3-2　电子标签与条码转换模型

该转换模型包括电子标签读写模块、电子标签数据解析模块、数据处理模块、条码数据解析模块、条码阅读模块和条码生成模块等 6 大模块。

电子标签读写模块：负责识别电子标签、读取电子标签信息以及写入电子标签信息等。

电子标签数据解析模块：负责对电子标签进行译码并分别提取标签各段的信息。

数据处理模块：负责实现电子标签编码信息和条码编码信息的相互转换。

条码数据解析模块：负责对条码进行译码并能分别提取商品条码各段的信息。

条码阅读模块：负责读取条码并识别条码所包含的信息。

条码生成模块：负责生成条码。

电子标签与二维码的转换模型如图3-3所示。

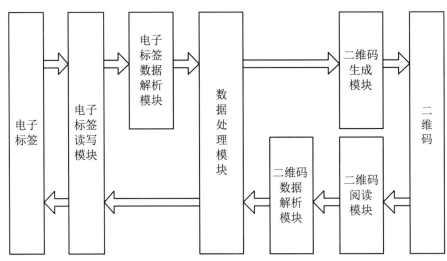

图3-3　电子标签与二维码转换模型

该转换模型包括电子标签读写模块、电子标签数据解析模块、数据处理模块、条码数据解析模块、条码阅读模块和条码生成模块等6大模块。

电子标签读写模块:负责识别电子标签、读取电子标签信息以及写入电子标签信息等。

电子标签数据解析模块:负责对电子标签进行译码并分别提取标签各段的信息。

数据处理模块:负责实现电子标签编码信息和二维码编码信息的相互转换。

二维码数据解析模块:负责对二维码进行译码并能分别提取二维码各段的信息。

二维码阅读模块:负责读取二维码条码并识别二维码所包含的信息。

二维码生成模块:负责生成二维码。

二维码与条码的转换模型如图3-4所示。

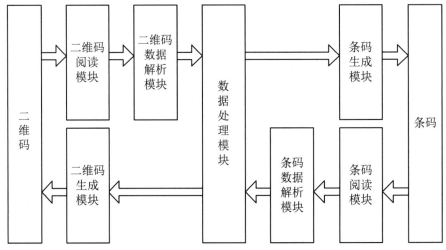

图3-4　二维码与条码转换模型

该转换模型包括二维码阅读模块、二维码生成模块、二维码数据解析模块、数据处理模块、条码数据解析模块、条码阅读模块和条码生成模块等7大模块。

二维码阅读模块:负责读取二维码条码并识别二维码所包含的信息。

二维码生成模块:负责生成二维码。

二维码数据解析模块:负责对二维码进行译码并能分别提取二维码各段的信息。

数据处理模块:负责实现二维码编码信息和条码编码信息的相互转换。

条码数据解析模块:负责对条码进行译码并能分别提取商品条码各段的信息。

条码阅读模块:负责读取条码并识别条码所包含的信息。

条码生成模块:负责生成条码。

3.3　转换载体技术选型

电子标签、二维码和条码的类型多种多样,在本章的转换方法研究中,本文选择工作频率为860 MHz~960 MHz的超高频无源SGTIN-96编码的EPC电子标签、编码数据结构的商品二维码和EAN-13零售商品条码三者进行转换。

3.3.1　EAN-13零售商品条码编码结构

EAN-13零售商品条码是由厂商识别代码、商品项目代码、校验码三部分组成的13位数字代码,分为4种结构,其结构见表3-1。

表3-1　13位代码结构

结构种类	厂商识别代码	商品项目代码	校验码
结构一	$X_{13}X_{12}X_{11}X_{10}X_9X_8X_7$	$X_6X_5X_4X_3X_2$	X_1
结构二	$X_{13}X_{12}X_{11}X_{10}X_9X_8X_7X_6$	$X_5X_4X_3X_2$	X_1
结构三	$X_{13}X_{12}X_{11}X_{10}X_9X_8X_7X_6X_5$	$X_4X_3X_2$	X_1
结构四	$X_{13}X_{12}X_{11}X_{10}X_9X_8X_7X_6X_5X_4$	X_3X_2	X_1

厂商识别代码由7~10位数字组成,中国物品编码中心负责分配和管理。

厂商识别代码的前3位代码为前缀码,国际物品编码协会分配给中国物品编码中心的前缀码为690~695。

商品项目代码由5~2位数字组成,一般由厂商编制,也可由中国物品编码中心负责编制。

校验码为1位数字,用于检验整个编码的正误。

3.3.2　商品二维码编码结构

编码数据结构由一个或多个取自表3-2中的单元数据串按顺序组成,每个单元数据串由GS1应用标识符(AI)和GS1应用标识符(AI)数据字段组成。扩展数据项的GS1应用标识符和GS应用标识符数据字段取自《GB/T 33993—2017 商品二维码》附录A中的表A.1。其中,全球贸易项目代码单元数据串为必备项,其他单元数据串为可选项。

表3-2　商品二维码的单元数据串

单元数据串名称	GS1 应用标识符(AI)	GS1 应用标识符(AI)数据字段的格式	可选/必选
全球贸易项目代码	01	N_{14}[a]	必选
批号	10	$X_{..20}$[b]	可选
系列号	21	$X_{..20}$	可选
有效期	17	N_{14}	可选
扩展数据项[c]	AI(见 GB/T 33993—2017表 A.1)	对应 AI 数据字段的格式	可选
包装扩展信息网址	8200	遵循 RFC1738 协议中关于 URL 的规定	可选

a. N:数字字符,N^{14}:14 个数字字符,定长;

b. X:GB/T 33993—2017 附录 B 中表 B.1 中的任意字符,$X_{.20}$:最多 20 个表 B.1 中的任意字符,变长;

c. 扩展数据项:用户可从表 A.1 选择 1 个~3 个单元数据串,表示产品的其他扩展信息

3.3.3　SGTIN-96 EPC电子标签编码结构

1. 组成

SGTIN由6个字段组成:标头、滤值、分区、厂商识别代码、贸易项代码和序列代码,如表3-3所示。

表3-3　SGTIN-96的结构、标头和各字段的十进制容量

	标头	滤值	分区	厂商识别代码	贸易项代码	序列号
	8 位	3 位	3 位	20~40 位	24~4 位	38 位
SGTIN-96	00110000	值参照表3-4	值参照表3-5	999 999 −999 999 999 999 (十进制容量)	9 999 999 −9 (十进制容量)	274 877 906 943 (十进制容量)

标头是定义EPC存储器内总长、识别类型和EPC标签编码结构的一组数字,为8位,二进制值为00110000。

2. 滤值

滤值用来快速过滤和基本物流类型相关的附加数据。滤值的标准规范见表3-4。

表3-4　SGTIN滤值表

类　　型	十进制值	二进制值
所有其他	0	000
销售点的贸易项目	1	001
运输中所有情况	2	010
保留	3	011
分组处理的内包装贸易项目	4	100
保留	5	101
单元货载	6	110
贸易项目的内部单元或者非零售的产品成分	7	111

3. 分区

分区用来指示EPC电子标签代码中厂商识别代码和贸易项代码的分开位置。分区的可用值以及厂商识别代码和贸易项代码字段的大小在表3-5中定义。

表3-5　SGTIN-96分区值

分区值	厂商识别代码		贸易项代码（包括指示码和项目参考代码）	
	二进制位(M)	十进制位(L)	二进制位(N)	十进制位
0	40	12	4	1
1	37	11	7	2
2	34	10	10	3
3	30	9	14	4
4	27	8	17	5
5	24	7	20	6
6	20	6	24	7

厂商识别代码包含EAN-UCC厂商识别代码的一个逐位编码，由EAN或UCC分配给管理者实体。

贸易项代码由管理实体分配给一个特定对象分类。指示码和项目参考代码字段以以下方式结合：把指示码放在域中最左位置，结果看做一个整数编码成的二进制数作为贸易项代码字段。

唯一标识物理实体的一系列数字，由管理实体分配给一个单个对象。SGTIN-96编码只能表示有限范围内的整数值序列代码。

4. SGTIN-96编码表

编码表应用在转换过程中的EPC电子标签编码过程和解码过程。

SGTIN-96编码表如表3-6所示。编码表中"二进制位位置"一行说明了每个用二进制编码表示的段的相对位置。在"二进制位置"行,最高的下标表示最高有效位,下标0表示最低有效位。

表3-6　SGTIN-96编码表

编码方案	SGTIN-96					
二进制总位数	96					
逻辑段	EPC标头(H)	滤值(F)	分区(P)	厂商识别代码(C)	贸易项代码(I)	序列号(S)
逻辑段二进制位数	8	3	3	20~40	24~4	38
编码段	EPC标头	滤值	全球贸易项目代码			序列号
编码段二进制位数	8	3	47			38
二进制位置	$b_{95}b_{94}\cdots b_{88}$	$b_{87}b_{86}b_{85}$	$b_{84}b_{83}b_{82}$	$b_{81}b_{80}\cdots b_{(82-M)}$	$b_{(81-M)}\ b_{(80-M)}\cdots b_{38}$	$b_{37}b_{36}\cdots b_0$
编码方法	00110000	整数	表5			整数

5. EPC电子标签存储特性

标签存储特性应符合EPC global™(2008)的规定。一个电子标签在逻辑结构上划分为四个存储体,每个存储体可以由一个或一个以上的存储字组成,其存储逻辑图如图3-5所示,SGTIN-96代码存储在电子标签EPC存储器中的EPC字段。

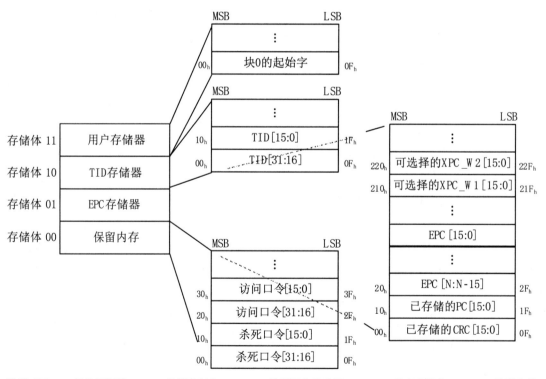

说明:TID——标签标识号;PC——协议控制位;CRC——循环冗余校验码;MSB——最高有效位;LSB——最低有效位;XPC_W1——扩展协议控制位的第一个字;XPC_W2——扩展协议控制位的第二个字。

图3-5　电子标签存储器结构图

3.4　条码与电子标签转换规则

3.4.1　SGTIN-96 EPC电子标签转换为EAN-13零售商品条码

1. 编码结构对应关系

SGTIN-96 EPC电子标签转换为EAN-13零售商品条码的结构对应关系如图3-6所示。

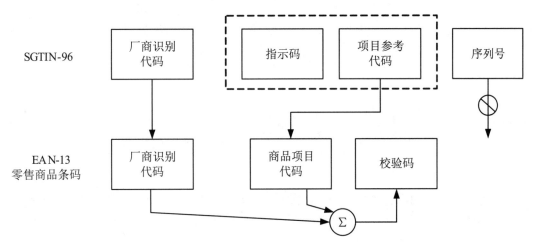

图3-6　SGTIN-96 EPC电子标签转换为EAN-13零售商品条码的结构对应关系

2. 转换程序

① 读取分区值 $P = b_{84}b_{83}b_{82}$，根据SGTIN-96分区值表，参见表3-5，获取厂商识别代码的位数 M，分离出厂商识别代码 $b_{81}b_{80}\cdots b_{(82-M)}$ 和贸易项代码 $b_{(81-M)}\ b_{(80-M)}\cdots b_{38}$。

② 将厂商识别代码 $b_{81}b_{80}\cdots b_{(82-M)}$ 当做无符号整数，转化为十进制数表示的 L 位数字 $p_1p_2\cdots p_L$，提取厂商识别代码。L 应满足：$7 \leqslant L \leqslant 10$。

③ 将贸易项代码 $b_{(81-M)}\ b_{(80-M)}\cdots b_{38}$ 当做无符号整数，转化为十进制数表示的 $(13-L)$ 位数字 $i_1i_2\cdots i_{(13-L)}$，提取指示码 i_1 和项目参考代码 $i2\ i3\cdots i_{(13-L)}$。i_1 应满足：$i_1 = 0$。

④ 构造13位数字 $X_{13}X_{12}\cdots X_1$，$X_{13}X_{12}\cdots X_{(14-L)}$ 对应为步骤①中的 $p_1p_2\cdots p_L$，$X_{(13-L)}X_{(12-L)}\cdots X_2$ 对应为步骤②中的 $i_2\ i_3\cdots i_{(13-L)}$。

⑤ 计算校验码 X_1。

⑥ 生成零售商品代码：$X_{13}X_{12}X_{11}X_{10}X_9X_8X_7X_6X_5X_4X_3X_2X_1$。

3. 转换示例

SGTIN-96 EPC电子标签二进制代码00110000 001 101 0110100110100011111101010 0000001100000011100 000···01101010000101转换为EAN-13零售商品代码的方法见表3-7。

表3-7　SGTIN-96代码转换为EAN-13零售商品代码方法示例

步　骤	举例说明
EPC 电子标签 EPC 存储器中 SGTIN-96 代码	SGTIN-96 二进制代码:00110000 001 101 0110100110100011111101010 0000001100000011100 000···01101010000101
步骤①	读取分区值 $P=5$,得 $M=24$; 厂商识别代码 $b_{81}b_{80}\cdots b_{(82-M)}=0110100110100011111101010$; 贸易项代码 $b_{(81-M)} b_{(80-M)}\cdots b_{38}=0000001100000011100$
步骤②	将 0110100110100011111101010 转化为十进制数,得厂商识别代码 $p_1p_2\cdots p_L=6923242$
步骤③	将 0000001100000011100 转化为十进制整数,得贸易项代码 $i_1i_2\cdots i_{(13-L)}=012345$
步骤④	对应 $X_{13}X_{12}\cdots X_{(14-L)}$ 为 $p_1p_2\cdots p_L=6923242$; 对应 $X_{(13-L)}X_{(12-L)}\cdots X_2$ 为 $i_2\cdots i_{(13-L)}=12345$
步骤⑤	计算校验码 $X_1=7$
步骤⑥	生成零售商品代码 $X_{13}X_{12}X_{11}X_{10}X_9X_8X_7X_6X_5X_4X_3X_2X_1$:6923242 12345 7

3.4.2　EAN-13零售商品条码转换为SGTIN-96 EPC电子标签

1. 编码结构对应关系

将EAN-13零售商品条码转换为EPC SGTIN-96 EPC电子标签的结构对应关系如图3-7所示。

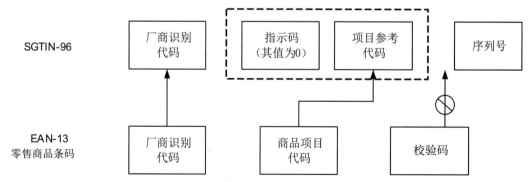

图3-7　EAN-13零售商品条码转换为SGTIN-96 EPC电子标签结构对应关系

2. 转换程序

① 读取零售商品条码,对条码数据 $X_{13}X_{12}\cdots X_1$ 进行解码,获取厂商识别代码长度 L,并提取厂商识别代码 $X_{13}\cdots X_{(14-L)}$ 和商品项目代码 $X_{(13-L)}\cdots X_2$。

② 根据 SGTIN-96 分区值表,确定 EPC 电子标签的分区值 P、厂商识别代码字段的位数目 M 和指示码与项目参考代码字段的位数目 N。分区值应满足:$M+N=44$。

③ 将厂商识别代 $X_{13}X_{12}\cdots X_{(14-L)}$ 当做十进制整数,构造 EPC 厂商识别代码 $p_1p_2\cdots p_L$,并转化为二进制表示形式 $b_{81}b_{80}\cdots b_{(82-M)}$。

④ 在商品项目代码 $X_{(13-L)}\cdots X2$ 前增加0指示符,转化为十进制数表示的 $(13-L)$ 位数字,构造项目参考代码 $i_0i_2\cdots i_{(13-L)}$,并转化为二进制表示形式 $b_{(81-M)}\,b_{(80-M)}\cdots b_{38}$。

⑤ 构造整数序列号 S,转化为二进制形式 $b_{37}b_{36}\cdots b_0$。S 满足:$0{\leqslant}S{<}238$。

⑥ 根据表3-6从最高有效位到最低有效位串联以下位字段构造最终二进制编码:标头 001 10000(8位)、滤值 F(3 位)、分区值 P(3 位)、厂商识别代码 C(M 位)、贸易项代码(N 位)、序列号 S(38 位)。生成 EPC SGTIN-96 二进制代码:$b_{95}b_{94}\cdots b_0$。

⑦ 生成 EPC 电子标签数据。

3. 转换示例

EAN-13 零售商品代码 6923242 12345 7 转换为 SGTIN-96 代码方法见表3-8。

表3-8　EAN-13 零售商品代码转换为 SGTIN-96 代码方法示例

步骤	举例说明
EAN-13 零售商品代码	6923242 12345 7
步骤①	$L=7$,得厂商识别代码 $X_{13}\cdots X_{(14-L)}=6923242$; 商品项目代码 $X_{(13-L)}\cdots X_2=12345$
步骤②	根据表 3-5,得 $M=24,N=20$
步骤③	构造厂商识别代码 $p_1p_2\cdots p_L=6923242$,转化为二进制数 $b_{81}b_{80}\cdots b_{(82-M)}=$ 011010011010001111101010
步骤④	构造贸易项代码 $i_1i_2\cdots i_{(13-L)}=012345$,转化为二进制数 $b_{(81-M)}\,b_{(80-M)}\cdots b_{38}=$ 00000011000000111001
步骤⑤	生成序列号,假设为 6789,转化为二进制表示 $b_{37}b_{36}\cdots b_0=000\cdots$ 01101010000101
步骤⑥	生成 EPC SGTIN-96 二进制代码 $b_{95}b_{94}\cdots b_0$:00110000001101 011010011010001111101010000000011000000111001 000$\cdots$01101010000101
步骤⑦	生成电子标签数据

3.5 条码与二维码转换规则

3.5.1 编码数据结构商品二维码转换为EAN-13零售商品条码

1. 编码结构对应关系

编码数据结构商品二维码转换为EAN-13零售商品条码的结构对应关系如图3-8所示。

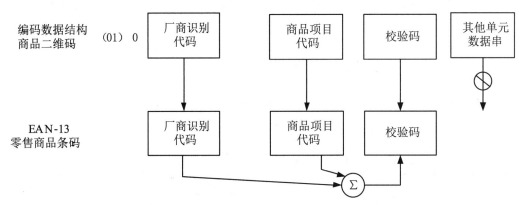

图3-8 编码数据结构商品二维码转换为EAN-13零售商品条码的结构对应关系

2. 转换程序

① 解析商品二维码,识别应用标识符(AI)AI＝01,提取全球贸易项目代码。将全球贸易项目代码转化为十进制表示的14位数字$N_{14}N_{13}\cdots N_1$。

② 对全球贸易项目代码$N_{14}N_{13}\cdots N_1$进行解码,获取厂商识别代码长度L,并提取厂商识别代码$N_{13}\cdots N_{(14-L)}$、商品项目代码$N_{(13-L)}\cdots N_2$。和校验码N_1,N_{14}应满足:$N_{14}＝0$。

③ 构造13位数字 $X_{13}X_{12}\cdots X_1$,$X_{13}X_{12}\cdots X_{(14-L)}$ 对应为步骤①中的 $N_{13}\cdots N_{(14-L)}$,$X_{(13-L)}X_{(12-L)}\cdots X_2$对应为步骤①中的 $N_{(13-L)}\cdots N_2$。

④ 计算校验码X_1,X_1应满足:$X_1＝N_1$。

⑤ 生成零售商品代码: $X_{13}X_{12}X_{11}X_{10}X_9X_8X_7X_6X_5X_4X_3X_2X_1$。

3. 转换示例

编码数据结构商品二维码信息字符串:(01)06923242 12345 7(10)A100转换为EAN-13零售商品代码方法见表3-9。

表3-9 SGTIN-96代码转换为EAN-13零售商品代码方法示例

步　骤	举例说明
编码数据结构商品二维码信息字符串：	二维码信息字符串：(01)06923242 12345 7(10)A100
步骤①	识别 AI＝01，提取全球贸易项目代码 $N_{14}N_{13}\cdots N_1$
步骤②	$L＝7$，得厂商识别代码 $N_{13}\cdots N_{(14-L)}=6923242$；商品项目代码 $N_{(13-L)}\cdots N_2=12345$，$N_{14}=0$
步骤③	构造 13 位条码数据 $X_{13}X_{12}X_{11}X_{10}X_9X_8X_7X_6X_5X_4X_3X_2X_1$； 对应 $X_{13}X_{12}\cdots X_{(14-L)}$ 为 $N_{13}\cdots N_{(14-L)}=6923242$； 对应 $X_{(13-L)}X_{(12-L)}\cdots X_2$ 为 $N_{(13-L)}\cdots N_2=12345$
步骤④	计算校验码 $X_1=7$，$X_1=N_1$
步骤⑤	生成零售商品代码 $X_{13}X_{12}X_{11}X_{10}X_9X_8X_7X_6X_5X_4X_3X_2X_1$：6923242 12345 7

3.5.2 EAN-13零售商品条码转换为编码数据结构商品二维码

1. 编码结构对应关系

EAN-13零售商品条码转换为编码数据结构商品二维码的结构对应关系如图3-9所示。

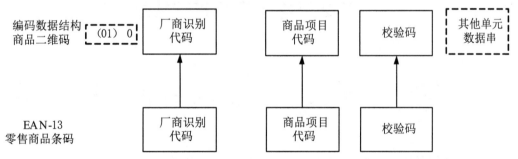

图3-9 EAN-13零售商品条码转换为编码数据结构商品二维码结构对应关系

2. 转换程序

① 读取零售商品条码，对条码数据 $X_{13}X_{12}\cdots X_1$ 进行解码，获取厂商识别代码长度 L，并提取厂商识别代码 $X_{13}\cdots X_{(14-L)}$、商品项目代码 $X_{(13-L)}\cdots X_2$ 和校验码 X_1。

② 在条码数据 $X_{13}X_{12}\cdots X_1$ 前加指示符0，构建14位的全球贸易项目代码 $N_{14}N_{13}\cdots N_1$，$N_{14}N_{13}\cdots N_1=0X_{13}X_{12}\cdots X_1$，并添加应用标识符(01)。

③ 根据需要，在全球贸易项目代码 $N_{14}N_{13}\cdots N_1$ 后添加所需的其他单元数据串。

④ 构建编码数据结构的商品二维码编码信息字符串：$(01)N_{14}N_{13}\cdots N_1\,(n)Y_nY_{(n-1)}\cdots Y_1$……。

⑤ 确定采用的二维码码制，生成商品二维码。

3. 转换示例

EAN-13 零售商品代码 6923242 12345 7 转换为编码数据结构商品二维码方法见表 3-10。

表 3-10　EAN-13 零售商品代码转换为编码数据结构商品二维码方法示例

步骤	举例说明
EAN-13 零售商品代码	6923242 12345 7
步骤①	$L=7$,得厂商识别代码 $X_{13}\cdots X_{(14-L)}=6923242$;商品项目代码 $X_{(13-L)}\cdots X_2=12345$
步骤②	构造 14 位全球贸易项目代码 $N_{14}N_{13}\cdots N_1=0X_{13}X_{12}\cdots X_1=0692324212345$; $N_{14}=0$。 添加应用标识符(01)
步骤③	添加其他单元数据串,比如批号:(10)A100
步骤④	构建二维码编码信息字符串:(01)06923242 12345 7(10)A100
步骤⑤	确定采用的二维码码制,生成商品二维码

3.6　二维码与电子标签转换规则

3.6.1　SGTIN-96 EPC 电子标签转换为编码数据结构商品二维码

1. 编码结构对应关系

SGTIN-96 EPC 电子标签转换为编码数据结构商品二维码的结构对应关系如图 3-10 所示。

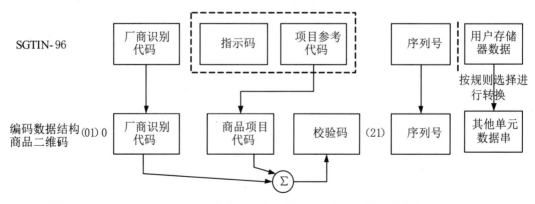

图 3-10　SGTIN-96 EPC 电子标签转换为编码数据结构商品二维码的结构对应关系

2. 转换程序

① 读取电子标签的 EPC 存储器数据,读取分区值 $P=b_{84}b_{83}b_{82}$,根据 SGTIN-96 分区值表,获取厂商识别代码的位数 M,分离出厂商识别代码 $b_{81}b_{80}\cdots b_{(82-M)}$、贸易项代码 $b_{(81-M)}$ $b_{(80-M)}\cdots b_{38}$ 和序列号 $b_{37}b_{36}\cdots b_0$。

② 将厂商识别代码 $b_{81}b_{80}\cdots b_{(82-M)}$ 当做无符号整数,转化为十进制数表示的 L 位数字 $p_1p_2\cdots p_L$,提取厂商识别代码。L 应满足:$7\leqslant L\leqslant 10$。

③ 将贸易项代码 $b_{(81-M)}$ $b_{(80-M)}\cdots b_{38}$ 当做无符号整数,转化为十进制数表示的 $(13-L)$ 位数字 $i_1i_2\cdots i_{(13-L)}$,提取指示码 i_1 和项目参考代码 i_2 $i_3\cdots i_{(13-L)}$。i_1 应满足:$i_1=0$。

④ 将序列号 $b_{37}b_{36}\cdots b_0$ 转化为字符串 $S_nS_{(n-1)}\cdots S_1$。

⑤ 构造 14 位数字 $N_{14}N_{13}N_{12}\cdots N_1$,$N_{13}N_{12}\cdots N_{(14-L)}$ 对应为步骤①中的 $p_1p_2\cdots p_L$,$N_{(13-L)}N_{(12-L)}\cdots N_2$ 对应为步骤②中的 i_2 $i_3\cdots i_{(13-L)}$,N_{14} 为 0。

⑥ 计算校验码 N_1。

⑦ 读取电子标签的用户存储器数据,进行解析并转换为编码信息字符串,通过应用标识符(AI)解析数据字段及其含义。

⑧ 将所需生成商品二维码的数据按照编码数据结构格式编制成商品二维码编码信息字符串

$(01)N_{14}N_{13}\cdots N_1\cdots(21)S_nS_{(n-1)}\cdots S_1 Y_nY_{(n-1)}\cdots Y_1\cdots$

3. 转换示例

SGTIN-96 EPC 电子标签二进制代码 00110000　001　101　0110100110100011111101010 00000011000000111001　000···01101010000101 转换为编码数据结构商品二维码信息字符串方法见表 3-11。

表 3-11　SGTIN-96 代码转换为编码数据结构商品二维码信息字符串方法示例

步　骤	举例说明
EPC 电子标签 EPC 存储器中 SGTIN-96 代码	SGTIN-96 二进制代码:00110000　001　101　0110100110100011111101010 00000011000000111001　000···01101010000101; 用户存储器数据:批号 A100
步骤①	读取分区值 P=5,得 M=24; 厂商识别代码 $b_{81}b_{80}\cdots b_{(82-M)}$＝0110100110100011111101010; 贸易项代码 $b_{(81-M)}$ $b_{(80-M)}\cdots b_{38}$＝00000011000000111001; 序列号 $b_{37}b_{36}\cdots b_0$＝000···01101010000101
步骤②	将 0110100110100011111101010 转化为十进制数,得厂商识别代码 $p_1p_2\cdots p_L$＝6923242
步骤③	将 00000011000000111001 转化为十进制整数,得贸易项代码 $i_1i_2\cdots i_{(13-L)}$＝012345
步骤④	将序列号 000···01101010000101 转化为字符串 6789

续表

步　骤	举例说明
步骤⑤	对应 $N_{13}N_{12}\cdots N_{(14-L)}$ 为 $p_1p_2\cdots p_L=6923242$； 对应 $N_{(13-L)}N_{(12-L)}\cdots N_2$ 为 $i_2\cdots i_{(13-L)}=12345$； 对应 $N_{14}=6$
步骤⑥	计算校验码 $N_1=7$
步骤⑦	读取电子标签的用户存储器数据，假设为"批号：A000"，解析并转换为编码信息字符串：(10)A000
步骤⑧	生成商品二维码编码信息字符串：(01)6923242 12345 7(10)A100(21)6789

3.6.2　编码数据结构商品二维码转换为SGTIN-96 EPC电子标签

1. 编码结构对应关系

将编码数据结构商品二维码转换为SGTIN-96 EPC电子标签结构的对应关系如图3-11所示。

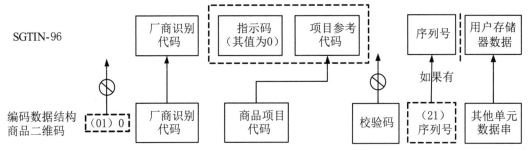

图3-11　编码数据结构商品二维码转换为SGTIN-96 EPC电子标签结构的对应关系

2. 转换程序

① 读取商品二维码，对二维码数据 $(01)N_{14}N_{13}\cdots N_1 (n)Y_nY_{(n-1)}\cdots Y_1\cdots$ 进行解码，识别应用标识符 AI=01，获取全球贸易项目代码 $N_{14}N_{13}\cdots N_1$，解析厂商识别代码长度 L，并提取厂商识别代码 $N_{13}\cdots N_{(14-L)}$ 和商品项目代码 $N_{(13-L)}\cdots N_2$，N_{14} 应等于0。

② 根据SGTIN-96分区值表，确定EPC电子标签的分区值 P、厂商识别代码字段的位数目 M 和指示码与项目参考代码字段的位数目 N。分区值应满足：$M+N=44$。

③ 将厂商识别代 $N_{13}N_{12}\cdots N_{(14-L)}$ 当作十进制整数，构造EPC厂商识别代码 $p_1p_2\cdots p_L$，并转化为二进制表示形式 $b_{81}b_{80}\cdots b_{(82-M)}$。

④ 在商品项目代码 $N_{(13-L)}\cdots N_2$ 前增加0指示符，转化为十进制数表示的 $(13-L)$ 位数字，构造项目参考代码 $0i_2\cdots i_{(13-L)}$，并转化为二进制表示形式 $b_{(81-M)} b_{(80-M)}\cdots b_{38}$。

⑤ 构造整数序列号为 S，转化为二进制表示形式 $b_{37}b_{36}\cdots b_0$。S 应满足：$0\leqslant S<2^{38}$。

⑥ 根据表6从最高有效位到最低有效位串联以下位字段构造最终二进制编码：标头

001 10000(8位)、滤值F(3位)、分区值P(3位)、厂商识别代码C(M位)、贸易项代码(N位)、序列号S(38位)。生成EPC SGTIN-96二进制代码：$b_{95}b_{94}\cdots b_0$。

⑦ 生成电子标签EPC存储器数据。

⑧ 将二维码其他数据$Y_nY_{(n-1)}\cdots Y_1\cdots$写入电子标签用户存储器。

3. 转换示例

编码数据结构商品二维码信息字符串(01)6923242 12345 7(10)A100 转换为SGTIN-96代码方法见表3-12。

表3-12　编码数据结构商品二维码信息字符串转换为SGTIN-96代码方法示例

步　骤	举例说明
编码数据结构商品二维码信息字符串	(01)6923242 12345 7(10)A100
步骤①	$L=7$，得厂商识别代码$X_{13}\cdots X_{(14-L)}=6923242$；商品项目代码$X_{(13-L)}\cdots X_2=12345$
步骤②	根据表3-5，得$M=24$，$N=20$
步骤③	构造厂商识别代码$p_1p_2\cdots p_L=6923242$，转化为二进制数$b_{81}b_{80}\cdots b_{(82-M)}=011010011010001111101010$
步骤④	构造贸易项代码$i_1i_2\cdots i_{(13-L)}=012345$，转化为二进制数$b_{(81-M)}b_{(80-M)}\cdots b_{38}=00000011000000111001$
步骤⑤	生成序列号，假设为6789，转化为二进制表示$b_{37}b_{36}\cdots b_0=000\cdots01101010000101$
步骤⑥	生成EPC存储器SGTIN-96二进制代码$b_{95}b_{94}\cdots b_0$：00110000 001 101 011010011010001111101010 00000011000000111001 000$\cdots$01101010000101；生成用户存储器字符串：批号A100
步骤⑦	生成电子标签数据

小　结

目前，电子标签与条码已被广泛应用于物流行业中，建立起电子标签与条码互通性规则，已成为解决两者转换问题的关键点。本章提出了电子标签与条码、电子标签与二维码、二维码与条码之间的转换模型，并且将工作频率为860 MHz～960 MHz的超高频无源SGTIN-96编码的EPC电子标签、编码数据结构的商品二维码和EAN-13零售商品条码三者为例，详细阐述了编码结构对应关系、转换程序、转换示例。该转换模型的建立，实现了在物流供应链标识过程中，当需要电子标签数据、条码、二维码之间的相互转换以及电子标签、条码和二维码技术共同应用于商品的标识时，对于加强对商品供应链实时监管具有重要意义。

第4章 进出口物流单元快速追溯方法研究

4.1 概　述

随着社会和经济的发展,跨省、跨国等新的经济形态催生了高速发展并不断壮大的物流行业。随着该行业做大做强,日益纷繁的物流单元种类对该行业的安全、公开、透明有了愈发强烈的要求。而且在市场化浪潮中,更加公开的公司往往更能够得到消费者的信任。同时,政府监管部门也要求物流行业信息披露及时高效。以食品物流为例,一个高效的食品物流单元追溯体系和应用系统能够在发现不安全食品后快速查找危害源头,找到问题产品并快速召回和处理,以减少对人民群众的生命健康的危害,降低食品生产及相关配套企业的损失。在进出口物流单元追溯场景中,如何在出现问题产品且追溯数据缺失的情况下明确监管主体部门责任,以期快速地发现并解决问题,也是一个值得深入研究的课题。

本章针对不完备数据链物流单元追溯问题展开研究,针对进出口物流特点,构建进出口物流单元快速追溯模型。将物流单元追溯不完备数据链视为不完备数据集,将物流单元不完备数据链修复问题转化为不完备数据集上缺失数据填补问题。通过计算物流单元总体相异程度,得到物流单元追溯分析域及置信节点,生成精简物流链网,明确变化节点及固定节点,从而解决现有智能化追溯方法中存在的分析域过大、分析模型粒度太小以及当可选路径较多时可信度低的问题。同时根据不同节点的不同时效性要求,将精简物流链网中的变化节点分为快速节点及慢速节点,构建快速精简物流链网,直接针对快速节点进行分析,优先确定物流单元流经的快速节点,满足物流单元追溯的时效性要求,并进一步确定物流单元完整流转路径。

4.2　相关工作分析

物流单元追溯从流通方式上可分为离散批物流单元追溯和连续批物流单元追溯。前者主要是研究一批或多批物流单元在物流链网中各个节点间的流转次序,而后者则主要对物流单元的拆分和混合过程进行研究。目前对于离散批物流单元追溯多采用基于追踪标记的方法,主要包括条码技术、射频识别技术以及生物识别技术。杨扬、荀耀文、杨磊在《药品追溯码在医药仓储物流自动化中的应用》中指出,可以用药品追溯码作为药品追溯平台的核心数据以及溯源载体,通过不同药品对应不同的编码方式,使得每种药品均有独属自己的"身份证",从而实现扫码即可查询药品流转路径[1];侯月、孙海瑛等人提出了条码技术在缺陷化妆品召回中的解决应用方案[2],将整个追溯环节划分成企业外部追溯和召回的分销商、供应商追溯单元及企业内部追溯及召回的生产商内部追溯单元两个大的单元,通过给不同销售网点、库房以及供应商等分配GS1-128条码,将整个产品的流转路径记录其上;谢菊芳将VB.NET技术结合SQL Server 2000,采用耳标识别方式,构建了国内第一套猪肉溯源系统[3];郭少杰对茶叶可追溯系统进行了设计和应用研究,提出了系统基本构架,应用数据库、条码、无线传感与新兴无线网络技术,实现茶叶安全追溯[4];程璐璐等人从供应链以及消费者两个角度出发,阐释了农产品追溯体系建设的必要性,并且提出了GS1系统在农产品追溯中的应用方案,通过对农产品供应链过程中的每个节点进行有效标识,建立各环节间的信息管理、传递与交换,从而对供应链中原材料、种植加工、包装、贮藏、运输、销售等环节进行跟踪与追溯[5]。

由于近年来区块链技术的发展,许多研究人员基于区块链技术对物流单元追溯进行了深入的研究。贾丰涛和汪玉涛指出在农产品营销中,可以利用区块链去中心化、非对称加密、大数据算法等特点,解决农产品物流平台存在的问题,保障产品的安全透明和可追溯性[6];刘如意等人将从生产源头贯穿整个农产品种植养殖、质检报告等信息上链,然后借助溯源码和电子标签等载体固定信息,实现追溯单个农产品从播种到后续流通所有环节的信息[7];司帅将区块链编码技术应用在物流配送领域,实现了食用菌供应链信息全程追溯[8];李保东和叶春明等人基于区块链技术对保健食品溯源系统进行研究,以消费者购买到的保健产品作为溯源对象,实现了对保健产品从原材料供应商、制造商、分销商到物流环节的全程追踪[9]。

在数据链不完备的情况下对物流单元进行追溯,实质上是判断一种物流单元在整个物流链网中所经节点及其先后次序。因此,在物流链网中确定一种物流单元的流转路径,可以视为确定物流单元不完备数据集的缺失数据值,即对不完备数据集缺失数据进行填补。对于存在缺失数据的不完备数据集,在纯粹的数据填补方面,简单而又常见的填补方法是全局常量填补法和属性均值填补法。这些方法在应用于具有实际意义的物流单元数据集时,完全忽略了同一种物流单元不同属性之间的内在联系,而且容易引入不存在任何关联的物流单元属性值,不具有实际应用价值和意义。热平台填补[10]方法是将缺失值填补入与它最相似的一个对象的值,即为相似判定方法,最常见的是使用相关系数矩阵来确定与缺失值所在属性最相关的属性,然后将所有对象按最相关属性值大小进行排序,将缺失值填补进排在它前面的对象。采用模型对缺失数据进行预测的方法一般首先对输入的数据定义一个模型,然后基于该模型对未知参数进行极大似然估计,并使用期望最大化算法[10]确定缺失数据值。

目前在物流单元追溯研究方面,鲜有科研工作者考虑当追溯信息链断裂、信息不完备时利用已有的不完备数据实现物流单元追溯。刘丽梅等人以食品追溯为研究对象,为解决食品追溯过程中存在的追溯数据缺失、不同步或不完备的问题,提出利用追溯单元流转时间预测其流动状态、估测其历史流动路径的智能化追溯方法[11]。该方法将物流单元在食品链网络中两节点间流转的时间看做连续随机变量,利用历史数据估计流转时间的分布特征,并使用极大似然法求解时间分布密度函数的参数,以节点间是否存在物流单元流转及其流转时间分布的数学期望为变量,以两节点间路径总时间与给定时间的差值最小为最优化目标,推测物流单元在食品链网络中的流转路径。该方法在估测某一种物流单元的流转路径时,搜索域为整个物流链网络,即存在产品交易或仓储、运输等业务的全部组织。而在实际应用场景中,一种物流单元的流转路径往往不会涉及整个物流链网络中所有节点,且相对固定。不考虑物流单元的品种、销售地等属性,盲目地针对物流链网络中所有存在交易、仓储和运输的所有组织节点进行分析,在物流链网络比较大、比较复杂时仅考虑存在物流单元流转的两节点间的物流单元流转时间分布,会引入与要分析的物流单元无关的节点,造成可选择路径过多、路径置信度较低、模型粒度较小的问题。而且该方法没有针对节点进行分层,无法满足某些节点的高时效性要求。武森等人提出了一种基于不完备数据聚类的缺失数据填补方法[12],该方法针对分类变量不完备数据集定义约束容差集合差异度,可以计算出不完备数据对象集合内所有对象的总体相异程度,并以不完备数据聚类的结果为基础,得到缺失数据的值。以不完备数据聚类结果为基础,在对象相异程度较小的数据集内求解物流单元流转时间分布模型,可以显著缩小分析域,并且可以用数据填补结果来排除智能化追溯方法得到的多条可选路径,显著提升物流单元流转路径估测的置信度。

4.3　进出口物流单元快速追溯模型

由于一个企业的产品销售渠道往往相对固定,在物流链网中,属性相同或者相近的物流单元在物流链网中的流转路径往往高度相似。因此,可以将物流单元在物流链网中流转节点分为两类,一类为固定节点,即全部属性相同或者相近的物流单元均会经过的节点;一类为变化节点,即只有部分物流单元会流经的节点。在追溯数据缺失、不完备的情况下判断物流单元流转路径,需要确定其在物流链网中所经固定节点,并且采用可信度较高的方法估测其通过的变化节点。

进出口物流单元追溯应用场景中的核心问题之一是如何在出现问题产品通过了海关检验检疫且追溯数据缺失的情况下快速确定问题物流单元所通过的海关关口,追究监管部门主体责任并进行相应整改,堵住进出口物流安全审查漏洞。当各海关为物流链网中的变化节点时(即属性相同或者相似的物流单元会经过多个海关关口),由于问题物流单元追溯的内在时效性要求,当出现问题物流单元通过海关检验检疫审查时,须快速确定存在审查漏洞的海关关口,以减少存在于某个海关关口的审查漏洞对进出口物流检验检疫的不良影响。而进一步查找物流单元危害问题源头,明确危害引入的节点在时效性要求上相对宽松,因此我们可以进一步将变化节点分为两类,一类为快速节点,即具有较高时效性要求,以便快速解决节点中存在的安全审查漏洞等问题;另一类为慢速节点,即对时效性要求较为宽松,如查找物流单元危害问题引入的节点。

为了快速追溯数据缺失的物流单元在物流链网中通过的快速节点,必须对物流链网进行精简,缩小物流单元追溯分析域,直接对物流链网中的快速节点进行分析,以快速确定存在安全漏洞的监管部门;同时需要能够进一步确定物流单元整个详细流转路径,以查找物流单元问题的源头。

针对物流单元追溯节点类型以及不同节点判定的时效性要求不同,因此物流单元追溯需对节点进行分层,优先进行快速节点判定。因此可构建如下进出口物流单元快速追溯模型(图4-1)。

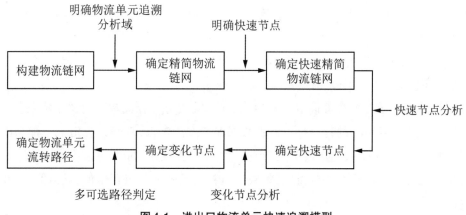

图4-1 进出口物流单元快速追溯模型

4.4 物流单元流转路径估测

4.4.1 构建物流链网

物流链网是指在一个物流系统中,存在产品交易或仓储、运输等业务而联系起来的全部组织,通过用节点表示组织,有向箭头表示物流单元在两节点间的流转关系的方式而形成的一个有向无环图。物流链网的构建过程就是构建这样一个有向无环图的过程,通过给定的物流单元流转信息数据集,统计全部物流单元流转路径节点及其在节点间的流转次序,构建物流链网。

4.4.2 生成精简物流链网

1. 确定物流单元追溯分析域

由于进出口物流单元追溯中存在时效性要求较高的节点,必须使用高效的方法首先解决快速节点的选择问题。对物流单元进行追溯,判断其在物流链网中流转节点及其次序,一般情况下,问题分析域越大,则分析时间较长,分析域越小,则分析时间较短。因此,为了满足快速节点判定在时效性方面的要求,必须缩小物流单元追溯分析域。同时,为了在确定快速节点之后,解决进一步物流单元完整流转路径时可能出现的多条可选流转路径问题,在生成物流单元追溯分析域的同时确定置信节点。

物流单元追溯分析域及置信节点的生成过程,实质上是物流单元对象不完备数据集聚类并对缺失值进行填补的过程。在不完备数据聚类方法中,武森等人提出了一种MIBOI算法[12],将物流链网节点引入为追溯单元二值属性,将聚类结果中包含追溯信息不完备的物流单元所属类视为物流单元追溯分析域,将数据填补结果视为节点置信值,置信值为1的节点即为置信节点。

在聚类过程中,一次扫描各个物流单元对象,从扫描到的第一个对象创建第一个类开始,通过一次扫描完成将全部扫描到的物流单元对象到类的归并或者新类的创建。对于已创建的类,仅保留约束容差集合精简,不保留全部物流单元对象的信息。是否创建新类取决于预先指定的约束容差集合差异度上限 u,对于扫描到的每一个物流单元对象,找到其并入后使得约束容差集合差异度最小的类,并判断该最小的约束容差集合差异度是否小于 u,若小于则并入该类,否则创建新类。在上述聚类完成后,找到追溯信息缺失的物流单元所在类,该类即为物流单元追溯分析域。对每个约束容差属性,基于聚类结果,如果其容差值不为"*",则将该类中物流单元对象的该属性为"*"的值用该容差值替换,填补值即为节点置信值,置信值为1的节点即为置信节点。

2. 精简物流链网

在得到物流单元追溯分析域后,我们可以对原有物流链网进行精简,设物流链网如图4-2所示。

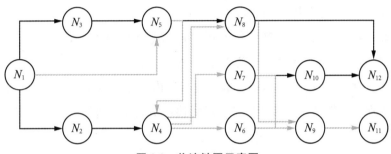

图4-2　物流链网示意图

图中节点N_1~N_{11}表示物流链中的组织,节点N_i和N_j之间以有向箭头相连,表示在这个物流链网中,节点N_i和N_j之间存在物流单元交易、运输等联系

根据物流单元追溯分析域内的物流单元流转路径数据,我们可以得到精简物流链网。分析域为总体相异程度较小的物流单元集合,因此精简物流链网一般为具有少数分叉的路径,如图4-2中箭头及其相关节点组成的链网,其中节点N_2、N_5、N_6、N_7及N_8为变化节点,N_1、N_4、N_9及N_{11}为固定节点。删除全部流转路径中相同的节点,仅保留起始节点及各个路径分叉节点及其分叉起始节点,得到精简物流链网,如图4-3所示。

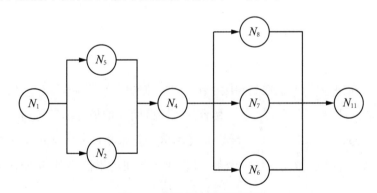

图4-3　精简物流链网示意图

删除物流链网中非物流单元追溯分析域中节点流经的组织及相应路径,仅保留起始节点及各个路径分叉节点及其分叉起始节点

4.4.3　构建快速精简物流链网

在实际应用中,某些节点具有较高的时效性要求。例如,在进出口物流单元追溯应用中,当出现问题产品入境时,说明某个海关关口存在检验检疫审查漏洞。由于具有审查出现漏洞的海关关口并堵住监管漏洞的急迫性,因此需要快速判定进出口物流单元流经的海关关口,即必须优先对快速节点进行判定。

假设在如图4-3所示的精简物流链网中,节点 N_2 和 N_5 为快速节点,即对时效性要求较高,需要快速判断物流单元所经节点为 N_2 或者 N_5。因此,我们需要对分析域内物流链网进一步精简,优先对快速节点进行判定。删去分析域内物流链网中除快速节点和起始及终止节点以外的其他所有节点,可得如图4-4所示的快速精简物流链网。

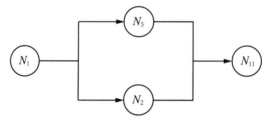

图4-4　快速精简物流链网

删除分析域内物流链网中除快速节点以及起始和终止节点以外的其他所有节点,由此可将分析域缩到最小,快速判定快速节点

4.4.4　快速节点估测

将追溯单元在快速精简物流链网中两节点间的流转时间 t 看做随机变量,从分析域内采集 n 个时间样本,将样本区间分成 k 个不相容的等距区间, k 的值可由斯特格斯(H. A. Sturges)提出的经验公式 $k=1.87(n-1)^{2/5}$ 确定。样本区间指采集的 n 个时间样本中最大值与最小值的差值。统计落入各区间的样本个数,计算出各区间的累积频率,从而初步估测物流单元时间分布。

使用极大似然法求解物流单元时间分布参数。以图4-2中节点 N_1 与 N_5 间物流单元流转时间分布估计为例,设两节点间流转时间随机变量为 T,假设初步估计变量分布为正态分布,可采用极大似然法求解正态分布参数。其概率密度函数为 $f(t,\mu,\sigma)$,获得时间样本值为 $t_1,t_2,\cdots,t_n$,则随机点 $(T_1,T_2,\cdots,T_n)$ 取值为 $(t_1,t_2,\cdots,t_n)$ 时联合密度函数值为 $\prod_{i=1}^{n}f(t_i,\mu,\sigma)$。因此按照极大似然法,应选择 μ 和 σ 的值使得该概率达到最大。似然函数如下:

$$L(\mu, \sigma^2) = \prod_{i=1}^{n} f(t_i, \mu, \sigma)$$

$$= \prod_{i=1}^{n} \frac{1}{\sqrt{2\pi}\,\sigma} e^{-\frac{(t_i-\mu)^2}{2\sigma^2}} \tag{4-1}$$

$$= (2\pi\sigma^2)^{-\frac{n}{2}} e^{-\frac{\sum_{i=1}^{n}(t_i-\mu)^2}{2\sigma^2}}$$

式(4-1)的似然函数为

$$L(\mu, \sigma^2) = -\frac{n}{2}\ln(2\pi\sigma^2) - \frac{1}{2\sigma^2}\sum_{i=1}^{n}(t_i-\mu)^2 \tag{4-2}$$

将 $L(\mu, \sigma^2)$ 分别对 μ、σ^2 求偏导,并令它们都为 0,得似然方程组:

$$\begin{cases} \dfrac{\partial L(\mu, \sigma^2)}{\partial \mu} = \dfrac{1}{\sigma^2}\sum_{i=1}^{n}(t_i-\mu)^2 = 0 \\[3mm] \dfrac{\partial L(\mu, \sigma^2)}{\partial \sigma^2} = -\dfrac{n}{2\sigma^2} + \dfrac{1}{2\sigma^4}\sum_{i=1}^{n}(t_i-\mu)^2 = 0 \end{cases} \tag{4-3}$$

解似然方程组,得

$$\hat{\mu} = \bar{x}, \quad \hat{\sigma} = \frac{1}{n}\sum_{i=1}^{n}(x_i-\bar{x})^2 \tag{4-4}$$

求解出分布参数 μ、σ,从而确定节点 N_1 与 N_5 之间物流单元流转时间的分布。

使用如上方法,分别求出节点 N_1 和 N_5、N_1 和 N_2、N_5 和 N_{11} 以及 N_2 和 N_{11} 之间的物流单元流转时间分布,则我们可以求解两个节点间物流单元流转时间期望

$$\int_{-\infty}^{+\infty} \frac{x}{\sqrt{2\pi}\,\sigma} e^{-\frac{(x-\mu)^2}{2\sigma^2}} \,\mathrm{d}x = \mu = \bar{x} \tag{4-5}$$

一条路径的时间期望为其各段节点间路径时间期望之和,因此可以得到路径的时间期望。如路径 $N_1 \rightarrow N_5 \rightarrow N_{11}$ 的路径时间期望为 $E_{N_1 \rightarrow N_5} + E_{N_5 \rightarrow N_{11}}$。在求出所有路径时间期望后,以给定的物流单元时间差与路径时间期望最小化为目标,选择基准路径,该路径通过的节点即可视为物流单元通过的快速节点。

4.4.5　物流单元流转路径估测

在得到物流单元在物流链网中流经的快速节点后,为了进一步确定危害问题的引入节点,对物流单元安全问题进行溯源,需要明确物流单元完整的流转路径。

由于已经确定了快速节点,因此我们可以将分析域内物流链网中的快速节点视为固定节点,保持其他变化节点不变,得到如图4-5所示的精简物流链网。

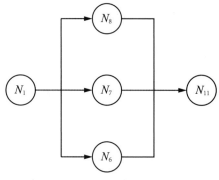

图4-5　精简物流链网

删除分析域内物流链网中快速节点,一般说来,快速精简物流链网只包含一个路径分叉,精简物流链网一般包含多个路径分叉

再次使用4.4.3节中的方法,计算出N_1和N_8、N_1和N_6、N_1和N_7、N_8和N_{11}、N_6和N_{11}以及N_7和N_{11}之间的物流单元流转时间分布,得到3条路径的路径时间期望。由于在不包含快速节点的其他变化节点路径判定中,可能存在多条路径的选择,因此给定路径选择阈值γ,规定所有与基准路径时间期望差值小于γ的路径均为可选路径。

当求解出多条可选路径时,将置信节点作为物流单元路径估测依据,包含置信节点较多的路径视为物流单元流转路径。在确定物流单元流转快速节点以及其他变化节点之后,结合在物流单元追溯分析域中统计得到的固定节点数据,我们可以得到物流单元在物流链网中的完整的流转路径。

4.5　仿真分析

为了验证通过精简物流链网求解物流单元流转的快速节点,并进一步确定物流单元流转路径方法的有效性,以图4-2所示的物流链网为例进行仿真分析。假设通过物流单元历史数据集构建的物流链网如图4-2所示,现知道某物流单元从端节点N_1出发,在后续多个节点($N_2 \sim N_{12}$)间流转,其追溯数据丢失,须确定物流单元流转路径。

4.5.1　生成快速精简物流链网

将物流链网中的节点引入为物流单元二值属性,如果物流单元历史数据集中,一个物流单元通过节点N_2,则其属性N_2的值为1。假设物流单元A的追溯数据缺失,即其路径节点属性N_1至N_{12}属性值未知。使用基于不完备数据聚类方法[12]对物流单元历史数据集进行聚类,假设聚类后的包含物流单元A的一类物流单元对象共100个,路径节点属性填补值从N_1

至 N_{12} 为 $(1,0,0,1,1,1,1,0,1,0,1,0)$。分析这100个物流单元对象流转数据得到,其流转涉及的路径如图4-2中箭头及相应节点部分,即如图4-5所示精简物流链网。

假设知道节点 N_2 和 N_5 为快速节点,按上述方法,删除节点 N_4、N_6、N_7、N_8 及相应的有向边,得到快速精简物流链网如图4-4所示。

4.5.2 节点间的时间分布特征估计

在节点间物流单元流转关系中,物流单元在两个节点间的流转时间,如物流单元在两个存在有向边直连的节点间的配送时间,可近似认为在某个值上下浮动,即流转时间可以视为呈正态分布。若据实际情况分析得出为其他分布类型,也可依照下述步骤流程进行估测。

以节点 N_1 和 N_2 间时间分布函数 $f(t_{1,2})$ 估测为例,求解节点间时间分布特征,得出路径时间期望,从而确定物流单元流经的快速节点。采集得到100个物流单元对象的流转时间数据(当聚类后包含物流单元 A 的一类物流单元对象数量过多时,可选取合适数量的物流单元对象作为随机样本)作为随机样本 $t_1,t_2,t_3,\cdots,t_{100}$,单位为 h。根据分组经验公式将样本数据划分成12组,将总体值域划分成12个互不相容的区间,并建立样本频率分布表,如表4-1所示。

表4-1 样本频率分布表

组序	组中值(h)	频数	频率	累积频率
1	3.221 5	1	0.01	0.01
2	3.393 7	3	0.03	0.04
3	3.512 4	6	0.06	0.10
4	3.666 8	9	0.09	0.19
5	3.781 7	14	0.14	0.33
6	3.900 1	15	0.15	0.48
7	4.022 3	18	0.18	0.66
8	4.151 8	14	0.14	0.80
9	4.262 4	8	0.08	0.88
10	4.373 0	6	0.06	0.94
11	4.490 8	3	0.03	0.97
12	4.585 5	3	0.03	1.00

通过频率分布表可以实现对变量分布形态的估计[13]。由表4-1判定节点 N_1 和 N_2 间的时间分布服从正态分布,期望值在4附近。经过计算,得到正态分布参数 μ 和 σ 的极大似然估计值分别为 $\hat{\mu}=3.970\,2,\hat{\sigma}=0.310\,2$。因此,节点 N_1 和 N_2 之间的物流单元流转时间分布为 $N(3.97,0.10)$。同理,计算出各节点间的物流单元流转时间分布如表4-2所示。

表4-2 快速精简物流链网中各节点间物流单元流转时间分布

出发节点	到达节点	时间分布
N_1	N_5	$N(3.23, 0.07)$
N_1	N_2	$N(3.97, 0.10)$
N_5	N_{11}	$N(14.05, 0.06)$
N_2	N_{11}	$N(15.88, 0.09)$

4.5.3 确定物流单元流转快速节点

计算出快速精简物流链网中2条路径的流转时间期望如表4-3所示。

表4-3 快速精简物流链网物流单元流转路径时间期望

路径	流转时间期望(h)
$N_1 \rightarrow N_5 \rightarrow N_{11}$	17.28
$N_1 \rightarrow N_2 \rightarrow N_{11}$	19.85

假设给定的追溯数据缺失的物流单元发出时间和接收时间已知,其差值为19.50 h。路径 $N_1 \rightarrow N_2 \rightarrow N_{11}$ 与给定时间值的差为0.35 h,路径 $N_1 \rightarrow N_5 \rightarrow N_{11}$ 的时间差为1.77 h。据上述分析,我们更有理由相信,该追溯单元通过的快速节点为 N_2。

4.5.4 物流单元流转路径估测

在确定快速节点之后,我们需要进一步确定物流单元完整流转路径。按照上述方法,求出如图4-5所示精简物流链网中存在有向边相连的各节点间的物流单元流转时间分布如表4-4所示。

表4-4 精简物流链网中各节点间物流单元流转时间分布

出发节点	到达节点	时间分布
N_1	N_8	$N(9.52, 0.09)$
N_1	N_7	$N(10.43, 0.09)$
N_1	N_6	$N(11.05, 0.08)$
N_8	N_{11}	$N(6.24, 0.07)$
N_7	N_{11}	$N(5.45, 0.11)$
N_6	N_{11}	$N(6.88, 0.12)$

同理,可求出3条路径的流转时间期望如表4-5所示。

表4-5　精简物流联网物流单元流转路径时间期望

路径	流转时间期望(h)
$N_1 \to N_8 \to N_{11}$	15.78
$N_1 \to N_7 \to N_{11}$	15.88
$N_1 \to N_6 \to N_{11}$	17.93

由于在精简物流链网中,变化节点一般较多,而且变化节点所产生的路径分支同样较多,因此直接采用路径流转时间期望与给定时间差值作为判定依据容易产生较大的误差,导致物流单元路径估测可信度低。因此我们在进行变化节点判定时,给定一个阈值 γ,在实际应用中,γ 的值根据两节点间流转时间的数量级进行设置,建议设置为节点间物流单元流转时间均值的10%～20%。在该仿真分析中,两节点间流转时间期望约为4 h,可将 γ 值设置为0.5 h。路径流转时间期望与给定时间的差值小于 γ 的路径均为可选路径。设给定的追溯数据缺失的物流单元发出时间和接收时间差值为16.2 h,因此路径 $N_1 \to N_8 \to N_{11}$ 及 $N_1 \to N_7 \to N_{11}$ 均为可选路径。当存在多条可选路径时,采用置信节点作为路径判定依据。查找追溯数据缺失的物流单元的节点属性置信值为(1,0,0,1,1,1,1,0,1,0,1,0),可知节点 N_7 置信值为1,节点 N_8 置信值为0,说明节点 N_7 为置信节点。包含置信节点较多的路径具有更高的可信度,因此,物流单元流转路径为 $N_1 \to N_7 \to N_{11}$。

经过上述分析,分别确定了物流单元在精简物流链网中流经的快速节点及变化节点,综合固定节点信息,可以确定物流单元完整流转路径为 $N_1 \to N_2 \to N_4 \to N_7 \to N_9 \to N_{11}$。

小　结

在追溯数据缺失情况下的物流单元追溯应用中,一种物流单元往往与其总体相异程度较小的物流单元具有相同或相似的流转路径。在以往的不完备数据链物流单元追溯方法中,一般采用对物流链网存在链接关系的全部节点对之间物流单元的流转时间分布进行建模,得到节点就流转时间分布的模型并求解期望,从而计算出路径流转时间期望。本章针对传统的不完备数据链物流单元追溯方法中存在的分析域过大、模型粒度较小、物流单元流转路径可信度低且无法满足某些节点的分析时效性要求等问题,将物流链网中的节点分为变化节点和固定节点,对变化节点进行分析,并根据变化节点的不同分析时效性要求,将其分为快速节点和慢速节点。通过在物流单元数据集中引入物流链网节点属性,并将其视为不完备数据集,将物流单元流转路径估测问题视为不完备数据集中缺失数据填补问题,引入不完备数据聚类方法,将聚类结果视为物流单元追溯分析域,同时将缺失数据填补结果视为节点置信值,并由此确定置信节点。通过物流单元追溯分析域确定精简物流链网,进而确定快速精简物流链网。在此基础上,使用不完备数据链物流单元追溯方法,从而优先快速确定物流单元流经的快速节点,并进一步确定物流单元流经的变化节点。在存在多条可选路径时,引入置信节点对流转路径进行判别,从而增大了物流单元流转路径估测可信度。将分析域限制为与追溯数据缺失的物流单元对象总体相异程度较小的物流单元对象数据集,从而缩小不完备数据链物流单元追溯方法分析域,排除了无关节点及数据。基于精简物流链网求解物流单元时间分布模型,增大了模型粒度,并降低了求解过程的复杂度。

参 考 文 献

[1] 杨扬,荀耀文,杨磊.药品追溯码在医药仓储物流自动化中的应用[J].中国科技信息,2019(22):104-106.

[2] 侯月,孙海瑛,柯焰,等.条码技术在缺陷化妆品召回中的解决应用方案[J].条码与信息系统,2020(1):32-35.

[3] 谢菊芳,陆昌华,李保明,等.基于.NET构架的安全猪肉全程可追溯系统实现[J].农业工程学报,2006(6):218-220.

[4] 郭少杰,陈大萍.茶叶安全生产可追溯信息系统研究与设计[J].科技管理研究,2010,30(16):208-211.

[5] 程璐璐,施进,王晓渊.建设农产品追溯体系[J].条码与信息系统,2019(06):23-25.

[6] 贾丰涛,汪玉涛.区块链技术在农产品物流体系应用研究[J].合作经济与科技,2020(2):90-92.

[7] 刘如意,李金保,李旭东.区块链在农产品流通中的应用模式与实施[J].中国流通经济,2020,34(3):43-54.

[8] 司帅.区块链技术在食用菌物流配送模式中的应用[J].中国食用菌,2020,39(2):152-154.

[9] 李保东,叶春明.基于区块链的保健食品追溯系统[J].物流科技,2020,43(2):39-42.

[10] LITTLE R,RUBIN D. Statistical analysis with missing data[M]. New York:John Wiley & Sons Inc, 2002.

[11] 刘丽梅,高永超,王永春.不完备数据链的智能化食品追溯方法[J].计算机集成制造系统,2014,20(1):62-68.

[12] 武森,冯小东,单志广.基于不完备数据聚类的缺失数据填补方法[J].计算机学报,2012,35(8):1726-1738.

[13] 张德丰,周燕.详解MATLAB在统计与工程数据分析中的应用[M].北京:电子工业出版社,2010.

第5章 包装食品印刷二维码溯源体系及安全性分析

5.1 概　　述

印刷二维码标签作为一种简便、易用和廉价的网络信息传递方法,目前已在大米、乳制品等食品包装上广泛应用。但在对传递信息真实性、完整性、溯源性和不可篡改性等十分敏感的领域,比如食品溯源中的印刷二维码的易复制性及其信息读写算法的公开性,印刷二维码的应用尚受到很大制约。近年来,国内外许多学者对二维码图形加密和数字加密算法进行了研究,但针对二维码图形加密的研究,需要配套专用的二维码扫描设备[1-2];针对数字加密算法的研究,需要限制二维码内容加密强度[3],或对二维码读写算法进行特殊处理[4]。

本章根据现代密码学和网络通信安全基本原理,采用HTTPS网络传输层安全协议TLS1.3(transport layer security protocol version 1.3)和公共密钥基础设施PKI(public key infrastructure),设计一种适合包装食品印刷二维码进行网络信息传递的溯源体系,无须专用扫描设备,无须限制二维码内容,无须采用特殊二维码读写算法,即可通过互联网实现食品信息在食品生产、流通和消费环节间的传递,并满足食品信息溯源有效性和安全性等要求。

符号说明:

$E_{SK\ or\ PK}[M]$表示Encryption加密,$D_{SK\ or\ PK}[C]$表示Decryption解密。其中,K表示密钥,分"SK"私钥和"PK"公钥;M表示明文;C表示密文。

5.2 基 本 原 理

现代密码学安全性两条准则[5]:

① 破译密文的代价应超过被加密信息本身的价值;

② 破译密文所花的时间应超过被加密信息的有效期。

满足其中之一,就可认为满足实际安全要求。

网络通信安全基本原理[6]:

① 发送者对传送的信息进行安全加密,包括对信息的加密和对通信双方身份的认证;

② 通信双方共享加密信息的解密密钥;

③ 可信第三方负责储存通信双方的密钥并向通信双方发布解密密钥,并对攻击者保密。

加密后的密文可以通过不安全信道传送给预定的信息接收者。

自2018年IETF(internet engineering task force)推出TLS1.3传输层安全协议以后,基于PKI技术的HTTPS网络安全传输协议被广泛采用。密钥的安全储存、分发以及通信双方身份认证得到实现,已成为网络安全通信的基础条件。

5.2.1　公私钥加解密

假设P是食品生产企业,P利用RSA数字签名体系,自行生成非对称公、私钥对,私钥用于对食品信息的数字签名加密,公钥用于关注食品信息的机构解密信息。

为便于阐述,现将P的食品信息定义为$M_{食品}$,包括:

$$M_{食品}=\left[ID_{食品},QM_{食品},M_{食品Hash}\right]$$

其中,$ID_{食品}$为食品编码,$QM_{食品}$包括食品合格信息,$M_{食品Hash}$为对$(ID_{食品},QM_{食品})$进行Hash变换后的信息摘要;P的公钥为$PK_{食品}$,私钥为$SK_{食品}$。

这种应用场景下,食品生产企业P对食品信息数字加密具体原理如下。

A用私钥$SK_{食品}$对$M_{食品}$进行数字签名,得到密文$C_{食品}$:

$$C_{食品}=E_{SK_{食品}}\left[M_{食品}\right]=E_{SK_{食品}}\left[ID_{食品},QM_{食品},M_{食品Hash}\right]$$

如果食品安全溯源平台(以下简称"溯源平台")拥有生产企业P的解密公钥$PK_{食品}$,可以容易地解出$M_{食品}$:

$$D_{PK_{食品}}\left[C_{食品}\right]=D_{PK_{食品}}\left[E_{SK_{食品}}\left[ID_{食品},QM_{食品},M_{食品Hash}\right]\right]$$
$$=\left(ID_{食品},QM_{食品},M_{食品Hash}\right)$$

因为$C_{食品}$只能是由生产企业P使用私钥$SK_{食品}$加密的信息,其他人不能代替P这样做,于是实现了食品信息的真实性和不可篡改性。

同理,溯源平台、第三方证书认证机构(CA)、食品流通环节T_1、T_2等在发布各自的信息时,会用自己的私钥加密,其他人不能代替,同样实现了食品信息的真实性和不可篡改性。

5.2.2　身份认证及安全信道建立

溯源平台获得上述 P 企业食品信息后,可以为平台用户 T_1、T_2 等食品流通环节企业提供 P 企业食品信息。T_1、T_2 等先需要获得平台的解密公钥 $PK_{平台}$。而为了获得平台的解密公钥 $PK_{平台}$,T_1、T_2 等可以通过向 CA 申请,获得由 CA 发放的,将 T_1、T_2 等各自公钥与身份认证信息绑定的公钥证书。

当 T_1、T_2 等向平台申请公钥 $PK_{平台}$ 时,平台可以通过 CA 获得的 T_1、T_2 等的公钥证书,既完成对 T_1、T_2 等的身份进行认证,又获得 T_1、T_2 等的公钥。

同样,当平台每次向 T_1、T_2 等发放公钥 $PK_{平台}$ 时,T_1、T_2 等可以通过 CA 获得平台的公钥证书,先对平台身份进行认证,以便确认平台的真实性,再获得平台的公钥。

这样 T_1、T_2 等和平台就通过 CA 交换了对方的公钥,可以建立起安全信道,传输相关食品流通信息[云平台]。具体如下:

现假设 T_1 向 CA 提交企业身份认证信息,以便获得 CA 签发的公钥证书。

T_1 利用 RSA 数字签名体系,生成非对称公、私钥对。T_1 妥善保管私钥 $SK_{流通}$,用于对其向平台更新流通环节信息,并对更新信息进行加密;公钥传递给 CA,由 CA 对 T_1 身份进行审核后,生成公钥证书。为便于阐述,现将公钥证书定义为 M_{CertT_1},包括:

$$M_{CertT_1} = \left[ID_{CertT_1}, ID_{CA}, EXPN_{CertT_1}, ID_{T_1}, PK_{T_1}, M_{CertT_1Hash} \right]$$

其中,ID_{CertT_1} 是 CA 公钥发放证书 M_{CertT_1} 的编码,ID_{CA} 是 CA 编码,$EXPN_{CertT_1}$ 为公钥发放证书 M_{CertT_1} 的有效期,ID_{T_1} 为食品流通企业 T_1 的编码,PK_{T_1} 为食品流通环节企业公钥,M_{CertT_1Hash} 为对(ID_{CertT_1}, ID_{CA}, $EXPN_{CertT_1}$, ID_{T_1}, PK_{T_1}, M_{CertT_1Hash})内容进行 Hash 变换后的信息摘要。

CA 形成的自己的公钥为 PK_{CA},私钥为 SK_{CA}。CA 将 PK_{CA} 对外公布,用 SK_{CA} 对公钥证书 M_{CertT_1} 进行加密,得到公钥证书密文 C_{CertT_1}:

$$C_{CertT_1} = E_{SK_{CA}} \left[M_{CertT_1} \right] = E_{SK_{CA}} \left[ID_{CertT_1}, ID_{CA}, EXPN_{CertT_1}, ID_{T_1}, PK_{T_1}, M_{CertT_1Hash} \right]$$

流通企业 T_2、生产企业 P 和平台的公钥证书密文 C_{CertT_2}、C_{CertP}、C_{Cert} 也以同样方式得到。

因为 C_{CertT_1} 只能是大家公认的 CA 用自己的私钥签名的公钥证书,其他机构不能代替,以保证公钥证书内容的真实性;又因为 T_1 公钥证书使 T_1 公钥与预留的身份认证信息绑定,保证了公钥的真实性。同样原理,生产企业 P 和平台公钥真实性也得到保证。

而 HTTPS 传输层协议在通信双方进行握手交互时,通信双方可以自动完成:

① 向对方提供已方的公钥证书,并根据握手交互时的约定提交已方的 CA 公钥 PK_{CA};

② 通信双方用收到的对方的 CA 公钥 PK_{CA},将对方公钥证书解密,获得公钥证书密文,并与 CA 服务器上预存的公钥证书进行核对;

③ 如果核对一致,则完成公钥证书真实性的验证,同时获得对方的公钥;

④ 获得对方公钥后,通信双方就能够建立安全信道,实现了信息的安全传递。

5.3 食品信息溯源体系

包装食品溯源应用场景具有如下特点:

① 包装食品供应链相对固定,有利于通过互联网对食品生产、流通和消费环节用户进行身份认证;

② 包装食品流通周期时效性强,适合使用工程上易实现的 RSA 密码体制进行数字加密;

③ 包装食品普遍采用印刷二维码标签连接互联网进行信息传递,有利于实现印刷二维码与食品数字加密信息关联,并可涵盖零售企业到消费者这一环节,符合食品企业的需求。

图 5-1 所示是在包装食品溯源应用场景下印刷二维码食品网络信息溯源交互体系具体的流程图。

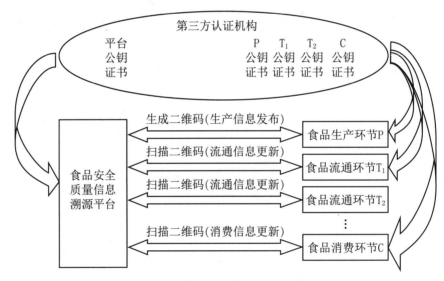

图 5-1　包装食品印刷二维码溯源体系

5.3.1　信息发布及二维码绑定

食品生产企业在 PC 端用 RSA 加密算法形成一对公、私钥,私钥由食品生产企业妥善保存,公钥通过 HTTPS 安全信道传递给溯源平台,并与溯源平台建立安全信道。

食品生产企业先将每批食品对应的食品信息用私钥数字签名加密:

$$C_{食品} = E_{SK_{食品}}\big[M_{食品}\big] = E_{SK_{食品}}\big[ID_{食品}, QM_{食品}, M_{食品Hash}\big]$$

该加密算法保证了食品信息是由掌握私钥的食品生产企业生成的,是真实的、不可篡改的。之后再由食品生产企业将食品信息传递给溯源平台,完成食品信息的发布。

溯源平台收到食品信息后,用生产企业的公钥解密,并生成食品包装二维码,将解密的食品信息的索引二维码绑定,并储存到溯源平台。二维码信息通过HTTPS安全信道传递给食品生产企业,用于食品生产企业印刷到食品包装上。

食品生产企业信息来自于真实的食品生产企业,食品包装上绑定的二维码来自于真实的溯源平台,从而保证扫描食品包装上绑定加密信息的二维码可以溯源到真正的生产企业。

5.3.2　信息更新与查询

食品流通、消费环节企业在PC端用RSA加密算法生成一对公、私钥,妥善保存各自私钥。公钥通过下文所述的方式,完成各自与溯源平台间的安全传递,进而实现信息查询和更新信息的传递。

流通、消费环节企业事先通过CA获得各自公钥与身份认证信息绑定的公钥证书。当它们与溯源平台进行信息交互时,通过HTTPS安全信道完成公钥证书的安全传递,同时完成相互的身份认证和公钥的传递。这里以流通环节企业T_1公钥证书为例进行说明:

$$C_{CertT_1} = E_{SK_{CA}}\big[M_{CertT_1}\big] = E_{SK_{CA}}\big[ID_{CertT_1}, ID_{CA}, EXPN_{CertT_1}, ID_{T_1}, PK_{T_1}, M_{CertT_1Hash}\big]$$

溯源平台利用CA公钥解密公钥证书完成对上述公钥证书解密,在HTTPS层自动完成对上述企业的身份认证和公钥PK_{T_1}的传递。

$$D_{PK_{CA}}\big[C_{CertT_1}\big] = D_{PK_{CA}}\big[E_{SK_{CA}}\big[ID_{CertT_1}, ID_{CA}, EXPN_{CertT_1}, ID_{T_1}, PK_{T_1}, M_{CertT_1Hash}\big]\big]$$
$$= (ID_{CertT_1}, ID_{CA}, EXPN_{CertT_1}, ID_{T_1}, PK_{T_1}, M_{CertT_1Hash}) = M_{CertT_1}$$

食品流通、消费环节企业与溯源平台完成相互的身份认证和公钥的传递后,就可以建立安全信道查询食品信息,同时发布更新的食品流通或消费信息。为表述方便,定义

$$M'_{食品} = P + T_1 + T_2 + \cdots + C$$

其中,$M'_{食品}$为食品生产环节和之前已记录的流通环节信息或食品消费信息,由溯源平台记录并妥善保管。

具体过程如图5-2所示。

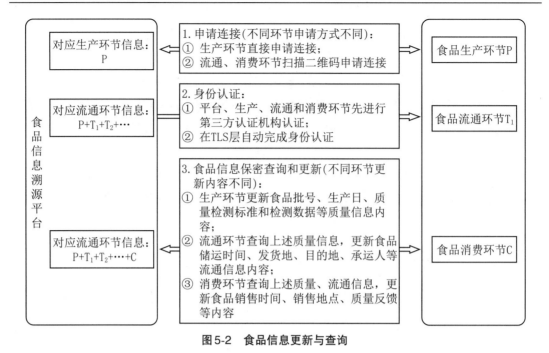

图5-2　食品信息更新与查询

5.3.3　信息核对

由于食品信息与二维码绑定,食品流通环节企业或消费环节的扫描终端通过扫描二维码链接的URL登录溯源平台,通过HTTPS与溯源平台建立安全信道,获得溯源平台记录的 $M'_{食品}$ 对应的密文 $C'_{食品}$ 和溯源平台解密公钥 $PK_{平台}$,具体过程如下:

$$C'_{食品} = E_{SK_{平台}}\left[M'_{食品}\right] = E_{SK_{平台}}\left[ID_{食品}, QM'_{食品}, M'_{食品Hash}\right]$$

食品流通环节企业或消费环节的扫描终端通过 $PK_{平台}$ 解密 $C'_{食品}$,获得明文信息 $M'_{食品}$。

此时查询者可以核对真实的食品信息是否与 $QM'_{食品}$ 中食品合格标准信息一致,或使用各自的安全信道向溯源平台反馈更新食品流通、消费等信息。

二维码一旦被认证的扫描终端扫描,溯源平台就自动生成一条包装二维码启用信息,自动标记二维码索引已解密,以便溯源平台及时发现不符合正常流通逻辑的仿冒二维码扫描和查询。

上述功能可以在HTTPS安全信道建立的基础上自动实现,以保证对查询企业的身份进行认证,实现食品流通过程的可溯源性。

5.4　溯源体系安全性分析

5.4.1　采用数字加密和身份认证,增加仿冒行为的难度

首先,在包装食品流通链的互联网食品信息溯源应用系统中,食品信息加密发布、信息解密以及信息查询者身份认证均通过 HTTPS 技术实现,未经身份认证的信息查询者与平台进行信息交互,即使获得食品生产、流通和消费环节加密信息 $C'_{食品}$,因无法获得溯源平台公钥 $PK_{平台}$,所以仍无法获得食品各环节信息的明文 $M'_{食品}$。

目前 RSA 模值 n 的长度为 1 024 位二进制数,仿冒者如果想破解 $PK_{平台}$,破解时间约为 $e^{\ln2^{1024}\ln(\ln2^{1024})}$,如果用 MIPS 年来表示每秒执行一百万条指令的计算机运行一年的计算量,相当于 9×10^8 MIPS 年。破解时长的增加杜绝了仿冒的可能性。

5.4.2　网络环境中的非法复制二维码和难以遁形的仿冒食品

真实二维码一旦被扫描,将被溯源平台标记为启用。即使在食品生产、流通和消费环节出现非法复制的“真实”二维码,或同类仿冒食品生产者盗用了“真实”的二维码,但由于其不可能先于真实二维码被启用,无法获得真实食品信息的明文信息 $M_{食品}$ 及加密钥 $SK_{食品}$,无法篡改加密内容 $M_{食品}$,因此在食品生产、流通和消费环节中,只要仿冒的二维码被经过身份认证食品流通企业扫描终端扫描,溯源平台会收到大量重复出现的被标记为启用的二维码信息,于是可以轻松锁定被盗用的二维码所涉及的假冒食品品种、数量及涉及的生产流通环节等线索,及时通知关注食品信息的食品流通环节企业、机构和消费者注意防范,遏制同类仿冒食品生产者盗用二维码的冲动,实现应用系统整体的防伪目标。

小　　结

本章运用最新的 HTTPS 传输层协议标准、PKI 技术,配合印刷二维码为索引设计了一种溯源方法。因使用非对称密码加密体系,即使同一食品生产企业面对多个不同食品流通环节企业,只需一对公、私钥密码即可满足对同一批次食品溯源的要求;不同的食品流通环

节企业,各自只要产生一对公、私钥密码,即可满足溯源平台对不同批次食品流通、消费各环节溯源的要求。

采用印刷二维码为索引进行设计,适合食品生产流通领域食品行业人员、设备和技术水平,对加解密设备、扫描设备和操作人员技术水平要求不高;避免了对二维码内容本身进行加解密处理,对RSA加密强度无限制,对加密数据bit数无限制,对二维码污损不敏感;符合印刷二维码简便、易用和廉价的特性,具有适用性好、成本低的特点,推广应用前景广阔。

参 考 文 献

[1] 郑志学,李长云,倪伟. 一种基于多线程加密的防伪二维码的生成方法[J]. 湖南工业大学学报,2016, 30(5):41-44.

[2] 张垒,刘双印,曹亮,等. 基于农产品溯源的二维码防伪系统设计[J]. 通信技术,2018,51(11):2721-2726.

[3] 方文和,李国和,吴卫江,等. 面向Android的RSA算法优化与二维码加密防伪系统设计[J]. 计算机科学,2017,44(1):176-182.

[4] 尹倩. 基于数字签名的可信二维码生成与认证方案研究[D]. 成都:电子科技大学,2018.

[5] 李海峰,马海云,徐燕文. 现代密码学原理及应用[M]. 北京:国防工业出版社,2013.

[6] 于工,牛秋娜,朱习军,等. 现代密码学原理与实践[M]. 西安:西安电子科技大学出版社,2009.

第6章 食品微生物污染物追溯模块

6.1 概 述

食品安全工作是重大的民生工程、民心工程,食品安全问题受到全社会的密切关注。为认真贯彻落实中国共产党关于"实施食品安全战略,让人民吃得放心"的战略部署和中央关于食品安全"四个最严"的工作要求,各级食品安全监管部门投入了巨大监管力量,切实保障人民群众的饮食安全[1]。微生物引起的食源性疾病是全球食品安全的核心问题。食源性致病微生物种类繁多、来源广泛、危害巨大,是引发食品安全问题的主要因素。食品微生物污染导致的食品安全事故具有群发、暴发、宿主范围广、传播速度快和社会影响大与控制难度高等特点,严重时会引起社会恐慌,危及社会安定[2]。食源性致病微生物是生产过程中的重要污染物,对微生物的溯源需要专业的技术及经验,微生物的生物学特征可提示污染路径,所以急需基于微生物生物学特征的智能化溯源系统为企业和监管部门提供追溯路径。

食品企业应肩负起食品安全的主体责任,把控好食品生产过程的风险控制。由于食品生产企业大小、规模、层次不一,如何构建一套针对食品微生物污染风险并适用于各类食品生产企业的溯源系统,对服务食品生产企业和助力食品安全监管具有重要意义。本章通过建立致病菌特征数据库,利用自定义查询以及关键控制点风险识别的智能查询方式,构建一套具有分析食品致病菌特征及污染来源或途径、污染原因等功能的智能化系统,并应用于食品生产企业和监管机构,开展食源性致病菌污染溯源工作。

6.2 相关工作背景分析

6.2.1 系统平台及网络构架

追溯系统平台运行环境使用的中间件为 TOMCAT 8.0＋，数据库为 MySQL 5.7＋，JDK版本为1.8，Redis版本为3.2＋。

追溯平台网络环境的构架如图11-1所示。数据分别在外部网络和内部网络之间互相流转，注册用户和监管用户使用外部网络，数据经安全防火墙过滤后传送至局域网或云服务器中，再转移到应用服务器。应用服务器可调用数据库中信息，再在应用服务层面响应用户的指令需求。同时还设置备份数据库，保障数据的同步和长期有效保存。

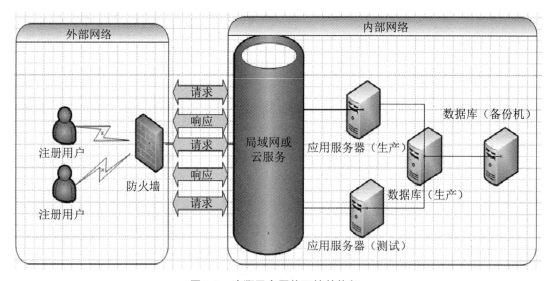

图6-1 追溯平台网络环境的构架

6.2.2 数据库字典构建

致病微生物特征数据字典包括典型产品类别、致病微生物名称、生物学特征(营养需求、生长繁殖条件、最适生长温度、灭活杀菌条件、常见污染原料、流行病学传播特征等)、关键性污染工艺环节、工艺参数阈值等(图6-2)。并按照"产品—致病菌—生物学特征—污染工艺环节—污染环节参数—工艺参数阈值"的逻辑关系组合为双向追溯性逻辑链条，用于对关联数据的保存(图6-3)。

图6-2　致病菌特征数据字典

信息填写

* 选项名称　清洁消毒记录

* 字典类型　jlx

* 特征描述　记录项

* 排序　10

保存　　返回

字典类型参考

特征名称	字典类型
致病菌	zbj
生物学特征	swxtz
临床症状	lczz
溯源路径	sylj
生产环节	schj
记录项	jlx
T1	t1
T2	t2
T3	t3
T4	t4

图6-3　致病菌特征数据字典数据录入

6.2.3 系统使用场景

智能追溯系统录入信息的第一步是建立以典型产品和致病微生物为分类的基础溯源链条(图6-4)。录入的内容主要包括关键生产环节中与致病微生物生物学特征关联的工艺参数,该参数的变化可造成致病微生物污染传播风险。企业先录入实际生产中所使用的参数信息,由系统自动与数据库中预设的阈值比较,分析其匹配程度,当出现异常值时自动抓取相关溯源链条提示污染路径。

图6-4 智能追溯系统信息录入

6.3 微生物污染物追溯模型

6.3.1 追溯特征介绍

以典型的发酵食品腐乳为例(图6-5),在建立的腐乳致病微生物特征数据库中,根据生物学特征、污染工艺环节、加工环节影响因素以及关键控制点等信息抽取唯一的个性特征进行识别,是建立致病微生物特征数据库的关键[3]。在智能查询的时候,能够根据产品后端的各种现象以及已知部分生产过程控制信息,在海量、繁杂的致病微生物中进行清晰乃至准确的定位,查找污染原因,溯源污染路径。

编号	产品类别	致病菌	生物学特征	污染工艺环节	加工环节影响因素	记录项	阈值
1	腐乳	致泻大肠埃希氏菌	环境中广泛存在	生产车间环境卫生	清洁消毒记录		合格
2	腐乳	致泻大肠埃希氏菌	环境中广泛存在	生产设备设施卫生	清洗消毒记录		合格
3	腐乳	致泻大肠埃希氏菌	环境中广泛存在	内包装材料卫生	包材质量检查表		合格
4	腐乳	致泻大肠埃希氏菌	粪口传播	操作人员卫生	人员晨检记录		合格
5	腐乳	致泻大肠埃希氏菌	粪口传播	操作人员卫生	洗手消毒记录		合格
6	腐乳	致泻大肠埃希氏菌	巴氏消毒或煮沸可杀死	煮浆	温度		> 98℃
7	腐乳	致泻大肠埃希氏菌	巴氏消毒或煮沸可杀死	煮浆	时间		3分钟
8	腐乳	志贺氏菌	环境中广泛存在	生产车间环境卫生	清洁消毒记录		合格
9	腐乳	志贺氏菌	环境中广泛存在	生产设备设施卫生	清洗消毒记录		合格
10	腐乳	志贺氏菌	环境中广泛存在	内包装材料卫生	包材质量检查表		合格
11	腐乳	志贺氏菌	环境中广泛存在	操作人员卫生	人员晨检记录		合格
12	腐乳	志贺氏菌	粪口传播	操作人员卫生	洗手消毒记录		合格
13	腐乳	志贺氏菌	巴氏消毒或煮沸可杀死	煮浆	温度		> 98℃
14	腐乳	志贺氏菌	巴氏消毒或煮沸可杀死	煮浆	时间		3分钟
15	腐乳	志贺氏菌	水源	生产用水水质检查	水质质量检查表		合格
16	腐乳	椰毒假单胞菌酵米面亚种	环境中广泛存在	生产车间环境卫生	清洁消毒记录		合格
17	腐乳	椰毒假单胞菌酵米面亚种	环境中广泛存在	生产设备设施卫生	清洗消毒记录		合格
18	腐乳	椰毒假单胞菌酵米面亚种	环境中广泛存在	内包装材料卫生	包材质量检查表		合格
19	腐乳	椰毒假单胞菌酵米面亚种	环境中广泛存在	操作人员卫生	人员晨检记录		合格
20	腐乳	椰毒假单胞菌酵米面亚种	小麦粉（辅料）	原料入库检查	原料质量检查表		合格
21	腐乳	椰毒假单胞菌酵米面亚种	最适生长温度：20-30摄氏度	接种、培菌（前期发酵）	温度		> 16℃ < 26℃

图6-5　腐乳致病菌特征库样表

6.3.2　常用模型及系统选择模型介绍

以腐乳生产为例(图6-6),通过分析腐乳生产工艺流程,按照食品安全要求和生产工艺特点,结合各个工艺环节的风险控制点,抽象和聚类各风险控制点描述,比如,环节控制温度、湿度、时长、配料要求、工艺特点等,形成可结构化的信息,便于在建立致病微生物特征库后,从末端污染信息和"树形"数据特征中进行定位和追溯。

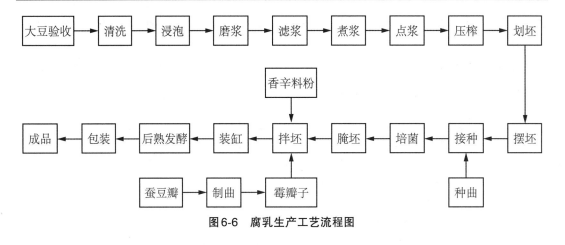

图6-6 腐乳生产工艺流程图

6.4 微生物污染物追溯系统建设

6.4.1 产品-微生物污染特征数据库构建

按照产品(类别)建立致病微生物特征数据库(图6-7),数据库覆盖常见的食品大类,共涉及11种典型食品。以腐乳产品为例,其致病微生物主要有:蜡样芽孢杆菌、溶血性链球菌、沙门氏菌、志贺氏菌、金黄色葡萄球菌、致泻大肠埃希氏菌、椰毒假单胞菌酵米面亚种、小肠结肠炎耶尔森氏菌、肉毒梭菌、空肠弯曲菌、副溶血性弧菌、单核细胞增生李斯特氏菌、大肠埃希氏菌O157、创伤弧菌、产气荚膜梭菌、阪崎肠杆菌、大肠菌群等17种[4]。进而再建立致病微生物特征数据库,以腐乳中的蜡样芽孢杆菌为例,包含如下信息:产品类别、致病微生物、生物学特征、污染工艺环节、加工环节影响因素、记录项、阈值、备注信息[5]。在设立字段属性的时候,尽量聚类和统一,抽取共性特征,使污染工艺环节内容、加工环节影响因素便于规范录入和智能检索,比如聚类后的污染工艺环节为:包材质量检查表、清洁消毒记录、清洗消毒记录、人员晨检记录、时间、水质检查表、温度、洗手消毒记录、原料质量检查表。

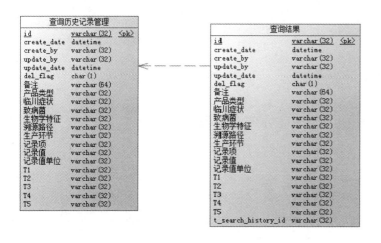

图6-7 致病微生物特征数据库构建模块

6.4.2 系统构建组成

追溯系统功能模块结构如图6-8所示。食品微生物追溯系统的核心结构模块包括致病菌特征数据库模块、业务数据维护模块、预警模型管理模块、系统基础信息模块、日志管理模块，以及致病菌查询历史模块。致病菌特征数据库模块是系统的核心基础模块，包括数据输入以及普通和智能两种查询模式。业务数据维护模块，则是起到对特征数据库的维护作用，一是实现产品类别的管理，二是进行致病菌特征信息的管理，实现数据库内容的新增和删减。预警模型管理模块主要基于溯源查询的结果信息，输出溯源报告。系统基础信息模块，实现对整体系统的设置，进行用户设置、角色选择、菜单及数据字典的调整等功能。日志管理和致病菌查询历史模块，则是基于查询历史记录，存储相关信息。

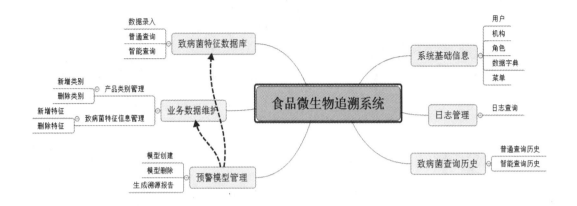

图6-8 追溯系统功能模块结构图

6.4.3 系统场景应用及操作演示

1. 追溯系统普通自定义查询

该查询方式主要用于监管人员或企业对产品中某种致病微生物的可能污染路径进行溯源查询,并提供污染物溯源分析报告。操作时输入产品类型和致病微生物种类(图6-9),即可根据致病微生物生物学特征数据库获得可能的污染路径,并以列表和报告的形式提供。当操作人员下拉选择更多筛选条件时(如查询具体生产环节),系统将缩小溯源范围,定向列出查询环节涉及的污染路径(图6-10)。

图6-9 普通自定义查询及录入界面

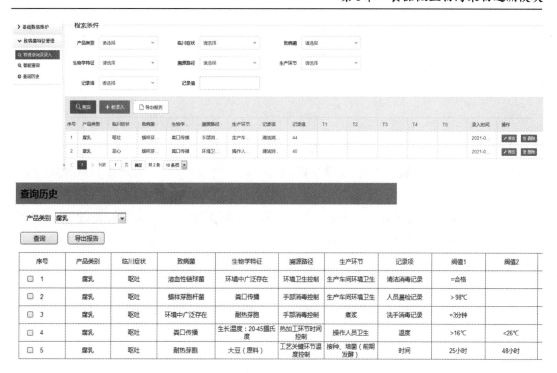

图6-10　普通自定义查询结果输出界面

2. 追溯系统智能查询

该查询方式是在普通自定义查询的基础上添加了对输入参数的智能分析功能。当操作人员查询时,系统将对企业输入的关键工艺环节工艺参数实际值与系统预设的阈值进行自动比较分析,当出现超出阈值范围的异常参数时,系统自动提示此条相关溯源路径为高风险的致病微生物污染途径,并发出预警提示(图6-11)。

智能查询

+增加条件

产品类别 ▼ 腐乳 ▼

生物学特征 ▼ 环境中广泛存在 ▼

临川症状 ▼ 呕吐 ▼

阈值　　98

· · · · ·

检索　　导出报告

序号	产品类别	临川症状	致病菌	生物学特征	溯源路径	生产环节	记录项	阈值	T1
1	腐乳	呕吐	溶血性链球菌	环境中广泛存在	环境卫生控制	生产车间环境卫生	清洁消毒记录	24小时	
2	腐乳	呕吐	蜡样芽胞杆菌	粪口传播	手部消毒控制	生产车间环境卫生	人员晨检记录	98℃	
3	腐乳	呕吐	环境中广泛存在	耐热芽胞	手部消毒控制	煮浆	洗手消毒记录	3分钟	
4	腐乳	呕吐	粪口传播	生长温度:20-45摄氏度	热加工环节时间控制	操作人员卫生	温度	16℃	
5	腐乳	呕吐	耐热芽胞	大豆(原料)	工艺关键环节温度控制	接种、培菌(前期发酵)	时间	25小时	

图6-11　智能查询演示界面

小　结

在构建食品微生物追溯系统的过程中,首先按照产品(产品类别)建立致病菌特征数据库,包括:产品类别、致病微生物、生物学特征、溯源路径、生产环节、关键控制点及其阈值。再通过自定义查询以及关键控制点风险识别的智能查询两种方式,推测可能存在的致病微生物及污染原因,包括:环境卫生控制、热加工环节时间控制、热加工环节温度控制、工艺关键环节温度控制、手部消毒控制、污染的原料、工艺关键环节时间控制、个人卫生控制等。最终生成食品微生物及智能化溯源报告,确定致病微生物污染源头,进而分析出污染爆发的途径。可以更有效地消除污染源,杜绝污染的再次爆发,促进食品生产各个环节进行有效的质量控制,确保食品生产质量,助力食品安全生产和监管。

参 考 文 献

[1]　吴永宁. 全面实施食品安全战略:以One Health策略完善我国食品安全治理体系[J]. 中国食品卫生杂志,2021,33(4):4.

[2]　王茂起,刘秀梅,王竹天,等. 中国食品污染监测体系的研究[J]. 中国食品卫生杂志,2006,18(6):7.

[3]　田枫. 海会寺白菜豆腐乳[J]. 调味副食品科技,1984(3):2.

[4]　廖新浴,陈信贤,刘东红,等. 腐乳生产过程中细菌污染的状况与分析[J]. 生物加工过程,2019,17(6):5.

[5]　龚德力. 腐乳中蜡样芽孢杆菌的污染状况、原因分析及工艺控制研究[D]. 长沙:湖南农业大学,2019.

第7章 环糊精的生产及客体物质的包埋缓释研究

7.1 概　述

环糊精(cyclodextrin,简称CD),是一类由D-吡喃葡萄糖通过α-1,4-糖苷键连接形成的环状低聚糖,其主要通过环糊精葡萄糖基转移酶(cyclodextrin glycosyltransferase,简称CGTase)作用于淀粉或其衍生物发生环化反应而合成。常见的CD由6,7,8个D-吡喃葡萄糖组成,依次为α-环糊精(α-CD)、β-环糊精(β-CD)、γ-环糊精(γ-CD)。因葡萄糖单元数量的不同,导致常见的3种CD在空间结构和理化性质上存在差异。环糊精外亲水内疏水的性质,使其可以包埋疏水性客体分子,在医药、食品、材料、化妆品等领域具有广泛应用[1]。

环糊精分子最显著的特性即为其外亲水内疏水的性质,其疏水性空腔可用于对食品污染物的包埋处理[2]。对于某些难以分离鉴定的食品污染物,利用具有不同空腔尺寸的β-CD和γ-CD分子对食品污染物进行包埋处理,再借助CGTase和糖化酶实现食品污染物的释放,进而对分离的食品污染物进行鉴定,以阐明食品污染物的特征和形成机制,实现食品污染物的分离鉴定和准确定量。

7.2 相关工作分析

利用粮食淀粉来源的环糊精特异性结合客体分子的独特优势作为分析手段,通过对环糊精包合物主体分子或主体分子降解产物的跟踪性检测达到追溯食品中污染物客体分子的目的。以下研究为此建立了成功的模型,设计了酶法控制环糊精包合物缓释的实验,研究开发利用CGTase和糖化酶双酶控制环糊精包合物缓释的方法,建立了酶法控制环糊精包合物水解速率的技术,阐明了酶法控制环糊精包合物水解的机制,以实现食品污染物的有效分离,从而实现不同食品污染物的鉴定及定量分析。

7.2.1　普鲁兰酶定向改造减弱环糊精抑制作用

在环糊精的生产过程中,普鲁兰酶的引入可有效改善淀粉底物的利用率。本研究针对环糊精对普鲁兰酶的抑制作用,通过分子改造得到环糊精对其抑制作用减弱的普鲁兰酶突变体,为实现环糊精增产提供技术支持。F476的突变体保留有不同程度的酶活,因此可以测定环糊精对其的抑制作用是否有变化。以$1\%(W/V)$的普鲁兰多糖为底物,测定 10 mmol/L 的 β-CD 存在下的残留酶活,如图 7-1 所示。PulA,F476Y,F476A,F476V,F476D,F476H 和 F476C 的表观酶比活力分别为其原始活力的 14%,25%,20%,50%,45%,80% 和 70%,表明 476 位的苯丙氨酸的突变,确实减弱了 β-CD 对酶的抑制作用,且抑制作用的减弱程度存在差异。已知 476 位的苯丙氨酸与 β-CD 之间的疏水作用力为结合的主要驱动力,因此,突变降低环糊精的抑制作用可能是由于替换的氨基酸残基疏水性的降低。苯丙氨酸、酪氨酸、丙氨酸、缬氨酸、天冬氨酸、组氨酸和半胱氨酸的疏水值 π 分别为 1.79,0.96,0.31,1.22,-0.77,0.13 和 1.54,π(侧链)$=$lg$P$(氨基酸)$-$lg$P$(甘氨酸),P 为待测氨基酸和甘氨酸在辛醇/水中的分配系数[3]。

尽管 F476Y,F476A,F476V,F476D,F476H 和 F476C 这 6 个突变体均在不同程度上达到了环糊精对其抑制作用减弱的效果,但突变体 F476Y,F476A,F476V 和 F476D 在 10 mmol/L 的 β-CD 存在下的酶比活力分别为 12.02 U/mg,2.12 U/mg,1.08 U/mg 和 1.63 U/mg,均低于同样条件下 PulA 的活力 19.05 U/mg,因此在后期应用中,不具备应用价值;而突变体 F476H 和 F476C 在 10 mmol/L 的 β-CD 存在下的酶比活力分别为 35.74 U/mg 和 29.90 U/mg,高于同样条件下 PulA 的活力,因此在后面的应用探究中,选用突变体 F476H 和 F476C 与 β-CGTase 联用,以考察其在改善淀粉底物利用率中的效果。

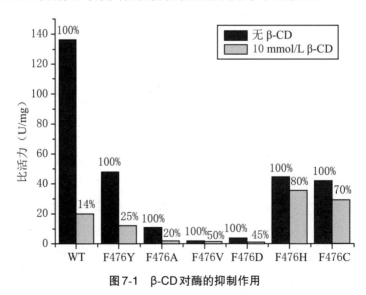

图 7-1　β-CD 对酶的抑制作用

7.2.2 双酶提高 β-CD 转化率

以 30%(W/V,干基)的马铃薯淀粉、木薯淀粉和玉米淀粉为底物,测定突变体 F476C 和 F476H 的添加对淀粉底物利用率的改善,结果如表 7-1 所示。对于 3 种淀粉底物,在添加相同量的 PulA、F476C 和 F476H 的条件下,β-CD 的转化率均高于 β-CGTase 单独作用,即 β-CD 的产量提高。对于马铃薯淀粉、木薯淀粉和玉米淀粉的 β-CD 转化率分别增加至 63.4%,63.2% 和 60.6%。

表 7-1 比较 β-CGTase、PulA 和突变体转化 3 种淀粉生产环糊精的转化率*

淀粉	酶	β-CD 转化率(%)	产物比例(%)		
			α-CD	β-CD	γ-CD
马铃薯淀粉	β-CGTase	43.3±0.8[d]	31.6±0.2[h]	64.6±0.6[a]	3.8±0.2[d]
	β-CGTase+PulA	50.2±1.0[e]	19.5±0.5[b]	78.2±0.5[ef]	2.3±0.2[bc]
	β-CGTase+F476C	63.4±0.6[h]	18.5±0.4[a]	76.4±0.7[d]	5.1±0.5[e]
	β-CGTase+F476H	62.8±0.6[h]	20.5±0.5[c]	79.2±0.5[f]	0.3±0.3[a]
木薯淀粉	β-CGTase	32.9±1.0[b]	32.9±0.4[i]	65.3±0.5[a]	1.8±0.3[b]
	β-CGTase+PulA	40.4±0.9[c]	26.7±0.6[g]	70.6±0.7[b]	2.7±0.5[c]
	β-CGTase+F476C	63.2±0.8[h]	22.5±0.5[e]	72.3±0.5[c]	5.2±0.4[e]
	β-CGTase+F476H	61.5±0.5[g]	21.7±0.6[d]	73.1±0.7[c]	5.2±0.6[e]
玉米淀粉	β-CGTase	31.6±0.8[a]	25.0±0.5[f]	72.8±0.7[c]	2.2±0.3[bc]
	β-CGTase+PulA	41.2±0.6[c]	20.0±0.4[bc]	78.1±0.5[e]	1.9±0.3[b]
	β-CGTase+F476C	60.6±0.7[fg]	20.5±0.5[c]	79.2±0.5[f]	0.3±0.1[a]
	β-CGTase+F476H	60.1±0.5[f]	20.7±0.4[c]	78.5±0.6[ef]	0.8±0.3[a]

*同一列中不同字母代表样品之间存在显著性差异($p<0.05$)。

酶作用淀粉后,分离出 β-CD 后的副产物采用 HPAEC 鉴定其链长分布,以分析淀粉底物被 β-CGTase 的利用情况。根据 β-CGTase 的作用机制,其环化反应需要的线性糊精片段的 DP 值最小为 9[4]。如图 7-2 所示,β-CGTase,β-CGTase+PulA,β-CGTase+F476C,β-CGTase+F476H 作用马铃薯淀粉、木薯淀粉和玉米淀粉后,$DP>9$ 的组分的含量均降低。结果表明,突变体 F476C 和 F476H 的引入,确实改善了淀粉底物的利用率,进而提高了环糊精的产率[5]。

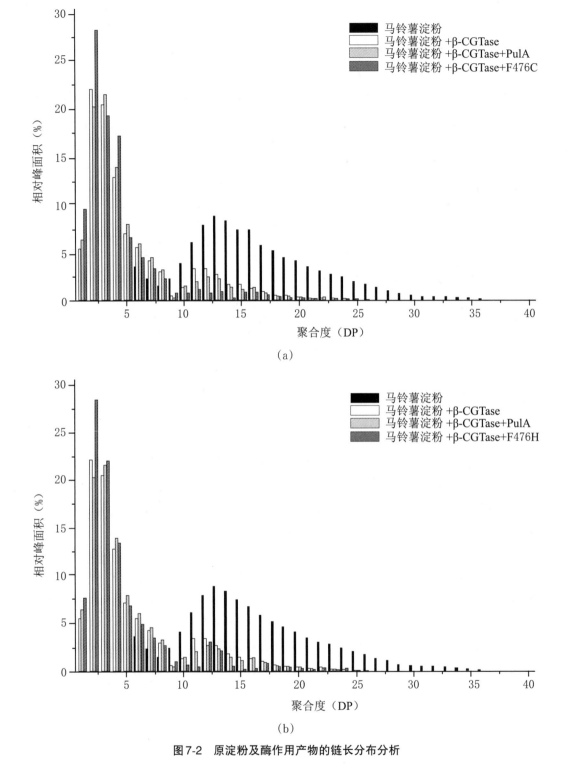

（a）

（b）

图7-2 原淀粉及酶作用产物的链长分布分析

图（a）～（f）分别为β-CGTase，β-CGTase和PulA/F476C/F476H作用于马铃薯淀粉、木薯淀粉和玉米淀粉后的链长分布

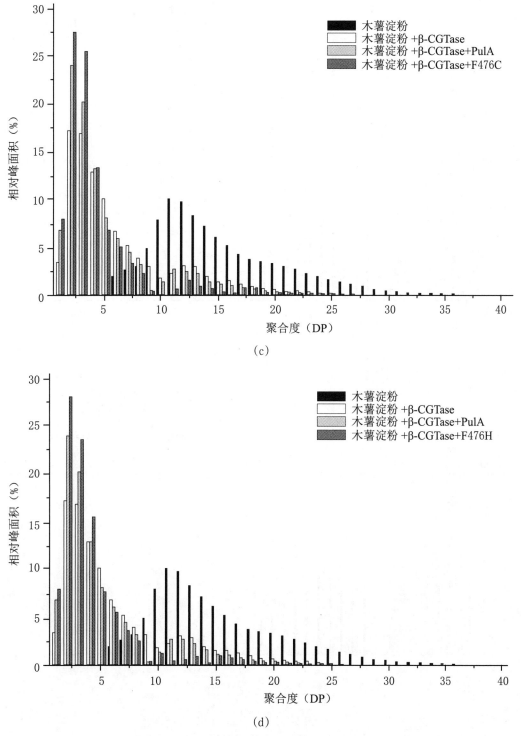

图7-2 原淀粉及酶作用产物的链长分布分析(续)

图(a)～(f)分别为β-CGTase,β-CGTase和PulA/F476C/F476H作用于马铃薯淀粉、木薯淀粉和玉米淀粉后的链长分布

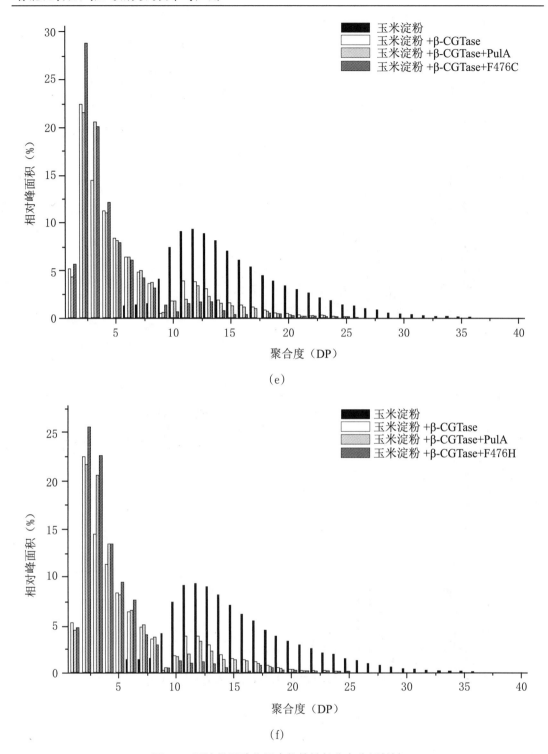

图7-2 原淀粉及酶作用产物的链长分布分析(续)

图(a)～(f)分别为β-CGTase,β-CGTase和PulA/F476C/F476H作用于马铃薯淀粉、木薯淀粉和玉米淀粉后的链长分布

　　环糊精的产业化可为研究其与污染物客体分子之间的相互作用提供充足的研究对象。基于环糊精的高效转化和得率,在接下来的研究中,选择不同的客体分子,建立简易模型,探

究食品污染物与环糊精客体分子之间的相互作用,建立食品污染物的追踪和检测手段。

7.2.3 香兰素-β-环糊精包合物包合比的测定

选择香兰素和姜黄素两种简易的客体分子,以探究环糊精对其的包埋和缓释作用。食品污染物包含多种化学成分,其与香兰素和姜黄素分子存在一定的共性。因此,在实验室条件下,选择香兰素和姜黄素作为研究对象,通过分析环糊精与客体分子的包埋,建立食品污染物的迁移过程、迁移路径等的表征手段,为食品污染物的检测和控制提供见解,具体研究如下。

图7-3所示为香兰素含量的标准曲线,在气相色谱的条件下对香兰素的吸收峰进行积分得到香兰素标准工作曲线的线性回归方程为:$y=309\ 261x-1\ 584$,相关系数 $R^2=0.996\ 8$。将 1 g 的香兰素-β-环糊精包合物用无水乙醇定容到 100 mL,其浓度为 10 mg/mL,稀释一倍后测定香兰素的吸收峰的积分面积的平均值为 181 672,代入标准曲线得到香兰素的浓度为 0.58 mg/mL,终浓度为 1.16 mg/mL。则香兰素-β-环糊精包合物中香兰素的质量为 116 mg,摩尔质量为 7.6 mmol,β-CD 的质量为 884 mg,对应的摩尔质量为 7.8 mmol,计算出香兰素-β-环糊精包合物的包合比近似为 1:1[6]。

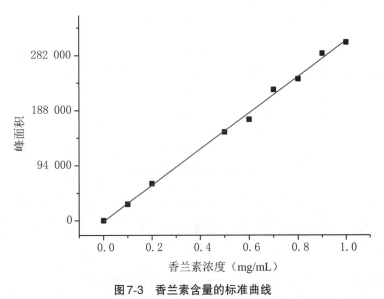

图7-3 香兰素含量的标准曲线

7.2.4 姜黄素-β-环糊精包合物包合比的测定

以姜黄素为客体分子与 β-CD 进行包合,制备得到姜黄素-β-环糊精包合物,对包合物的包合比进行研究。首先,对姜黄素及其包合物进行全波长扫描,结果如图7-4所示。姜黄在430 nm附近有较强的吸收峰,其吸收位置在包合前后变化不大,而在此波长处β-CD无吸收峰,最终确定测定姜黄素的最佳吸收波长为430 nm[7-8]。姜黄素含量标准曲线的制作:移取0.1 mmol/L姜黄素贮备液,用无水乙醇进行稀释,配置成0.002 mmol/L,0.004 mmol/L,0.008 mmol/L,0.010 mmol/L,0.012 mmol/L,0.014 mmol/L,0.016 mmol/L,0.018 mmol/L的溶液,分别在430 nm处测定其吸光度,以浓度为横坐标、吸光度为纵坐标绘制散点图,然后进行线性拟合,得到的拟合方程为:$y=54.633x-0.030\,8$,相关系数$R^2=0.997\,4$。

称取10 mg姜黄素-β-环糊精用无水乙醇定容到100 mL,充分混匀使得空腔内的姜黄素全部溶出,在430 nm处测定其吸光度,以乙醇溶液为空白对照。所得溶液稀释2倍后测定其吸光度的平均值为0.531,代入标准曲线得到姜黄素的浓度为0.01 mmol/L,包合物中姜黄素的浓度为0.02 mmol/L,对应质量为0.736 mg,则β-CD的质量为9.264 mg,对应的摩尔数为0.08 mmol,计算出姜黄素-β-环糊精包合物的包合比为4:1。

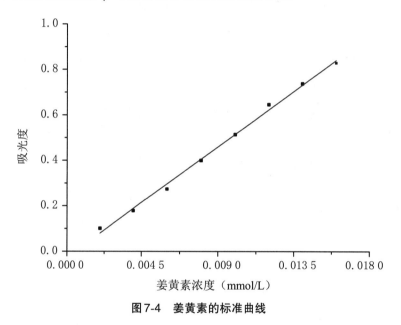

图7-4　姜黄素的标准曲线

7.2.5　香兰素-β-环糊精包合物的鉴定

图7-5为β-CD、香兰素、β-CD与香兰素混合物和香兰素-β-CD包合物的红外光谱图,可以看到香兰素在500～1 780 cm^{-1}处的特征吸收光谱在香兰素-β-环糊精包合物中几乎全部消失,且峰的强度也明显减弱,而且包合物在1 640 cm^{-1}处有略微的位移变化,可能是因为主客体是通过疏水-疏水、范德华力等弱的相互作用而形成的包合物,没有新的化学键形成。包合物形成后,物质的吸收峰向低波数的方向移动,可能是因为香兰素苯环上的羰基与β-CD上的羟基形成了氢键缔合。同时,包合物在3 375 cm^{-1}处的峰明显变宽,在2 928 cm^{-1}处的峰强度减弱。以上实验结果表明香兰素与β-CD形成了包合物。

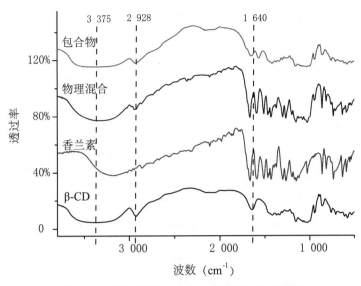

图7-5　香兰素及其包合物的傅里叶红外光谱图

7.2.6　姜黄素-β-环糊精包合物的鉴定

分别对姜黄素、β-CD、姜黄素与β-CD的物理混合物和姜黄素-β-环糊精包合物为底物进行傅里叶红外光谱扫描。结果如图7-6所示,将姜黄素-β-环糊精包合物与游离的姜黄素对比,由于姜黄素本身在 3 509 cm^{-1} 处的羟基特征峰消失,物理混合的样品因被β-CD在此处的峰遮盖导致峰的吸收强度减弱,且姜黄素-β-CD包合物在 3 380 cm^{-1} 处的吸收峰变宽。此外,姜黄素在最显著的羰基区域(1 800 ~ 1 650 cm^{-1})没有谱带,表明姜黄素以酮-烯醇互变异构形式存在。姜黄素-β-环糊精包合物的谱图中,物理混合和包合物在 856 cm^{-1} 处的吸收峰均有所减弱,包合物中减弱得比较明显。在 1 281 cm^{-1} 处的吸收值明显减弱,表明β-CD与姜黄素分子的烯醇侧上的环之间存在一些相互作用,且减弱程度比物理混合物更明显,而β-CD分子在该区域中没有吸收峰。在 1 600 cm^{-1},1 029 cm^{-1} 等酮基和苯环的吸收峰明显减弱。综上所述,β-CD与姜黄素形成了包合物。

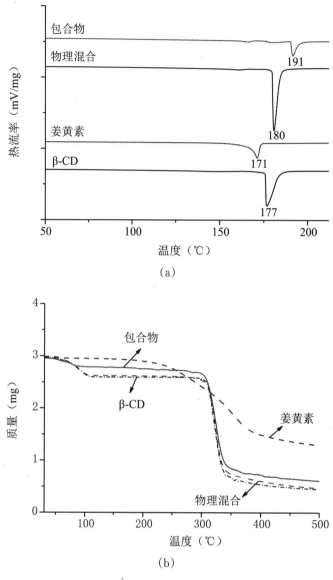

图7-6 姜黄素及其包合物的热分析曲线

7.2.7 香兰素-β-环糊精包合物中香兰素完全释放时间的研究

在对简易客体分子与环糊精主体分子的包埋及复合物的鉴定研究后,进一步探究客体分子的释放及性质。在食品污染物的检测中,可利用类似环糊精的简单易检测的主体分子对食品污染物进行提取和分离,再对提取的污染物进行释放,以实现对某些不易分离检测的食品污染物的准确定性、定量,为食品污染物的有效侦测和追溯提供技术支持。

以相同摩尔数的β-CD和香兰素-β-CD包合物为底物,加入等量的β-CGTase和AG,间隔相同时间取点,测定产物中葡萄糖的生成量来衡量香兰素分子的释放情况。因为利用气相色谱法测定香兰素的含量是溶液中总的香兰素的含量,无法准确辨别哪部分是释放香兰素的含量。而香兰素-β-环糊精包合物中香兰素分子与β-CD的摩尔比为1:1,所以可以用β-CD的含量来衡量香兰素分子的释放情况。当在反应溶液中加入β-CGTase和AG时,β-CD会被水解为葡萄糖,溶液中所有的葡萄糖均来自于β-CD,且摩尔比为7:1,所以用葡萄糖的生成量可以准确表达香兰素的释放量。此外AG在此部分的作用是水解掉被β-CGTase打开的环状结构和促进β-CGTase加速水解,所以此部分探究了β-CGTase的加酶量对客体分子完全释放时间的影响。

图7-7(a)显示以β-CD为底物加入β-CGTase和AG,每间隔1 h取点,对产物中葡萄糖含量进行测定,可以发现反应10 h时,葡萄糖的含量不再增加,此时测得葡萄糖的摩尔浓度为2.60 mmol/L,所以β-CD的摩尔浓度为0.37 mmol/L,对应β-CD的质量为4.21 mg,即所有的β-CD均被水解为葡萄糖。图(b)是以香兰素-β-CD包合物为底物,同时加入β-CGTase和AG,间隔1 h取点,对比空白对照实验,水解得到的葡萄糖的含量与β-CD空白的浓度相同,证明包合物中的主体分子完全被水解为葡萄糖,所以包合物中的香兰素也随之释放完全。还可以发现香兰素包合物中β-CD在10 h被水解完全,与空白对照完全水解的时间几乎相同,其原因是β-CGTase在水解主体分子β-CD的过程中,包合物中的客体分子已经释放完全。因为包合物的主客体分子之间会有共价键间的相互作用,若客体分子存在于空腔中,会阻碍β-CGTase与β-CD之间的结合[9-10]。

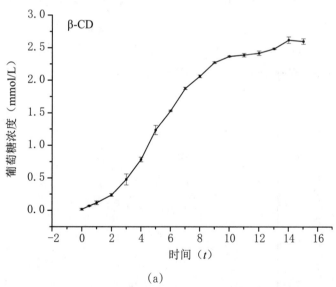

(a)

图7-7 香兰素-β-环糊精包合物中香兰素完全释放时间

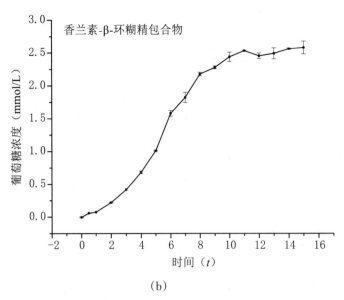

(b)

图7-7　香兰素-β-环糊精包合物中香兰素完全释放时间（续）

随后探究了不同加酶量对香兰素-β-环糊精包合物中香兰素完全释放时间的影响,结果如图7-8所示。当AG的加酶量为0.72 U时,可以看出当加入1.14 U β-CGTase时,反应6 h时葡萄糖的浓度不再增加,此时求得葡萄糖的摩尔浓度为2.60 mmol/L,说明β-CD被水解完全,包合物中的香兰素也释放完全;加入0.76 U β-CGTase时,反应10 h包合物中香兰素完全释放出来;当加入0.38 U β-CGTase时,反应22 h包合物中香兰素完全释放出来。可以得出,β-CGTase和AG的加入可以促进包合物中的香兰素释放完全,同时β-CGTase不同的加酶量可以控制香兰素分子完全释放的时间[11]。

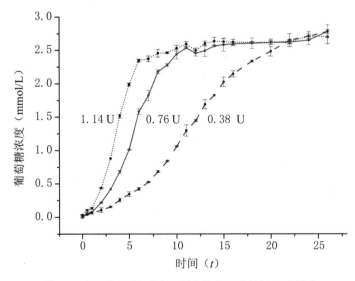

图7-8　不同加酶量对香兰素客体分子释放时间的影响

7.2.8　姜黄素-β-环糊精包合物中姜黄素完全释放时间的研究

对不同加酶量及不同底物浓度下姜黄素-β-环糊精中姜黄素释放情况进行分析,以包合物中β-CD完全水解的量定为100%,计算葡萄糖的相对产量来衡量客体分子的释放情况,结果如图7-9所示。β-CGTase和AG可以促进包合物向溶液中释放,且不同的加酶量可以有效地调节姜黄素客体分子的完全释放的时间,与香兰素客体分子释放的结论相一致。另一方面,姜黄素-β-环糊精包合物的包合比为4:1,香兰素-β-环糊精的包合比为1:1,在相同的加酶量的条件下,β-CD完全水解的时间几乎相同,可以说明当β-CGTase在水解β-CD时,水解β-CD是从包合物中游离出来的β-CD,而不是包合物中的β-CD,因为水解包合物中β-CD存在酶与主体分子有竞争性结合问题。

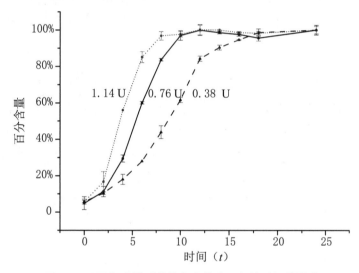

图7-9　不同加酶量对姜黄素客体分子释放时间的影响

同时,因为姜黄素具有一定的特征颜色且不溶于水,所以释放出来的姜黄素经高速离心后均被沉淀下来,上清液颜色越浅则说明姜黄素的释放量越大。不同加酶量对包合物完全释放的影响如图7-10所示。图7-10(a)为10 mg/mL姜黄素-β-环糊精包合物为底物不加酶作空白对照,可以发现上清液的颜色基本没有发生变化;图7-10(b)为10 mg/mL姜黄素-β-CD环糊精包合物加入0.76 U β-CGTase和0.72 U AG,对比图7-10(a)可以发现当反应6 h时上清液颜色明显变浅,说明已经有大量的姜黄素释放出来,随着反应时间的延长,包合物中的姜黄素不断释放,最终释放完全(9～12 h);图7-10(c)为10 mg/mL姜黄素-β-CD环糊精包合物加入1.14 U β-CGTase和0.72 U AG,对比于图7-10(b)可以发现当反应3 h时可以发现上清液颜色明显变浅,当反应到9 h时颜色几乎不发生变化,说明此时包合物中的姜黄素已经释放完全。图7-10(d)为3 mg/mL姜黄素-β-环糊精加入0.76 U β-CGTase和0.72 U AG,相比于图7-10(b),当反应3 h时可以看到颜色明显变浅,当反应到9 h时颜色几乎不发生变化,说明包合物中的姜黄素已全部释放。

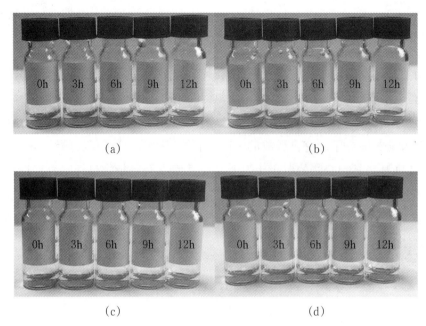

(a)

(b)

(c)

(d)

图7-10 不同反应时间姜黄素包合物上清液的颜色变化

综之,分别以香兰素和姜黄素-β-环糊精包合物为底物探究了β-CGTase水解反应对客体分子完全释放时间的影响。结果表明,β-CGTase和AG两者共同作用于β-环糊精包合物,可以有效地促进包合物客体分子的释放,直至释放完全,且β-CGTase不同的加酶量可以控制客体分子全部释放的时间,从而提高了客体分子的生物利用率[12]。

7.2.9 环糊精包埋及缓释机制

通过研究β-CGTase水解反应对两种包合物中客体分子完全释放时间的影响,可以初步得出当β-环糊精包合物溶解在水溶液中时,空腔内部分客体分子首先以自由扩散的形式逐渐游离出来,达到平衡状态这一结论。当在反应体系中加入β-CGTase和AG时,β-CGTase和AG可以水解包合物的主体分子β-CD,从而打破了原始的平衡状态,促进客体分子不断向溶液中释放。β-CD不断被水解,客体分子不断释放,直至β-CD被完全水解,客体分子也得以释放完全(图7-11)。另外,不同的加酶量可以有效地控制β-CD的水解速度,进而控制客体分子完全释放的时间。所以,β-CGTase水解活力可以促进环糊精包合物客体分子全部释放到溶液中,同时β-CGTase不同的加酶量可以有效地控制客体分子完全释放的时间,进而提高了客体分子的生物利用率。

此结论后续可应用于某些口服类肠道的药物β-环糊精包合物的给药,因为当β-CD进入到机体中,仅有极少部分的β-CD是在肠道被吸收的,如果β-CD不能被完全消解掉,药物就有随时会进入到空腔中的可能性,导致药物无法被完全利用。将β-CGTase和AG用于这类药物的给药过程中,可以缓慢地控制药物的持续释放,同时根据不同的加酶量可以有效地控制药物完全释放的时间,达到准确、定时给药的目的[6]。而在食品污染物的检测领域,也可实现对难分离检测的污染物的有效提取和释放,以达到食品污染物高效检测和追溯的目的。

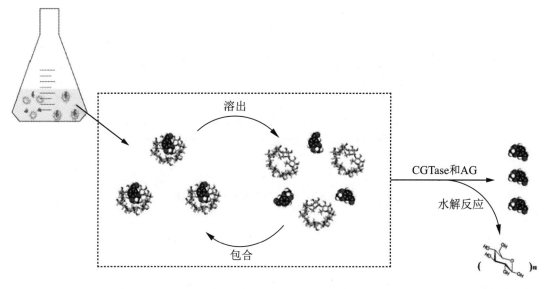

图7-11 β-环糊精包合物客体分子在水溶液中释放的示意图

7.2.10 重组γ-CGTase定性分析

食品污染物种类多样,而β-CD的空腔和溶解性问题,使其对种类众多的食品污染物分子的包埋作用有限。因此,本研究筛选并表达了γ-CGTase,并利用特异性的环糊精水解酶PpCD对产物进行纯化处理,以得到γ-CD。具有更大疏水性空腔和柔性、溶解性更好的γ-CD分子,可对分子量更大的食品污染物进行包埋,从而实现不同疏水性或不同尺度的污染物客体分子的提取和分离鉴定,完成食品污染物的追溯和分析。

CGTase种类由其反应初期的主产物类型所决定,HPLC图谱的结果显示(图7-12),反应2 h时主产物为γ-CD,约占CD总含量的80%。此外,UPLC-MS图谱中(图7-13),γ-CD标准品的保留时间为8.37,且该标准品的$[M-H]^-=1\ 295.5$,相对分子质量为1 297,反应主产物的保留时间、相对分子质量与上述γ-CD标准品一致,进一步表明该酶为γ-CGTase。

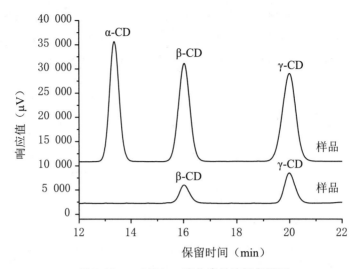

图7-12 γ-CGTase产物高效液相色谱图

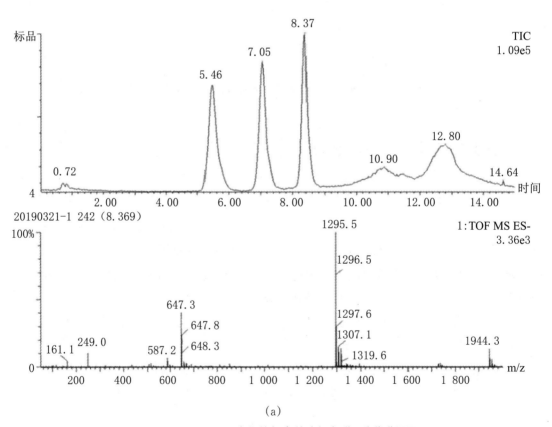

（a）

图7-13 γ-CGTase产物的超高效液相色谱-质谱联用图

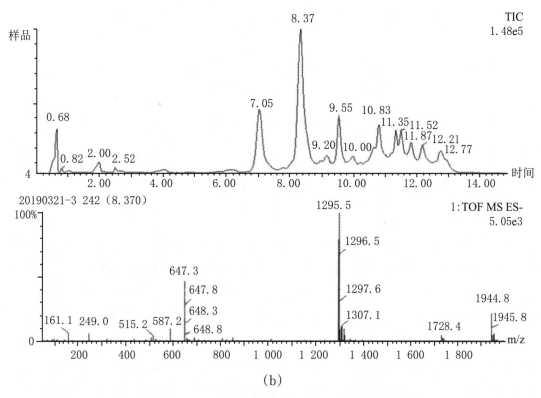

图7-13 γ-CGTase产物的超高效液相色谱−质谱联用图(续)

7.2.11 淀粉种类对γ-CD制备的影响

环糊精生产中,通常将淀粉作原料,因不同种类的淀粉结构及直支链比例有所差异,导致最终CD产物的种类和比例大不相同。为此,探究了淀粉种类对γ-CD制备的影响,结果如表7-2所示。由此可知,不同淀粉作用下生成的CD总量不同,且该反应条件下的产物中均无α-CD。当木薯淀粉为反应底物时,γ-CD转化率为12.37%,与其他5种淀粉相比,转化率最高。可能的原因是,直链淀粉与脂质形成的复合物不易被CGTase作用[13],此外,相比于直链淀粉,支链淀粉具有多个非还原性末端和不易回生的特性[14],使得反应可利用的底物增多,所以支链淀粉含量高的木薯淀粉转化率更高。为此,后续实验选择木薯淀粉来制备γ-CD。

表7-2 不同种类淀粉对γ-CD制备的影响

种 类	CD 转化率(%)	
	β-CD	γ-CD
可溶性淀粉	7.31 ± 0.12^e	11.30 ± 0.11^b
马铃薯淀粉	7.91 ± 0.19^d	11.02 ± 0.20^b
木薯淀粉	9.08 ± 0.15^b	12.37 ± 0.18^a

续表

种　类	CD 转化率（%）	
	β-CD	γ-CD
小麦淀粉	9.49±0.25[a]	10.10±0.21[c]
玉米淀粉	8.68±0.16[c]	10.00±0.14[c]
大米淀粉	7.19±0.08[e]	9.60±0.11[d]

注：不同小写字母表示存在显著性差异（P<0.05）

7.2.12　乙醇浓度对 γ-CD 制备的影响

在 CD 制备过程中，通常添加有机溶剂来解除产物的抑制作用。乙醇因危害性低、挥发性好，具有良好的抑菌效果而被广泛应用[15]，而乙醇对 CD 产物种类和比例的影响又与 CGTase 菌种来源密切相关。以本研究添加 Ca^{2+} 的重组酶为基础，为确定乙醇对 γ-CD 制备的影响，探究了不同乙醇浓度下 CD 的转化率，结果见图 7-14。由图可知，乙醇的存在能明显改变 CD 产物的比例，随着乙醇浓度增大，γ-CD 占总 CD 的比例呈上升趋势。一方面，总 CD 的转化率逐渐减小，尤其当乙醇浓度大于 5% 时，总 CD 转化率急剧降低，可能是高浓度的乙醇会造成 γ-CGTase 酶活降低以及淀粉结块所导致的可利用淀粉减少；另一方面，γ-CD 转化率先增大后减小，且在 5% 乙醇浓度下转化率最高。γ-CD 转化率增大的可能原因是，与水分子相比，乙醇的极性较高，可使 γ-CGTase 活性中心的水分子被排挤，从而使 γ-CGTase 的水解反应减弱以及生成的小分子糖减少[7]。此外，乙醇可与生成的小分子糖结合，进而减弱 γ-CGTase 的偶合作用。而在高浓度乙醇下 γ-CD 转化率略有降低，主要是淀粉底物的低利用率所致。综合考虑 γ-CD 及总 CD 的转化率，选择 5% 乙醇浓度来制备 γ-CD[8]。

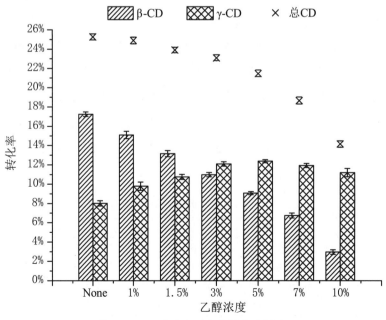

图 7-14　乙醇浓度对产物转化率影响

7.2.13 淀粉浓度对γ-CD制备的影响

对于工业化生产来说,高浓度的底物可以减少能量损耗、节约生产成本。但是,浓度过高会导致反应体系黏度过大以及反应不均匀。结合实际情况,探究了不同淀粉浓度对γ-CD转化率的影响,结果如图7-15所示。由图可知,γ-CD转化率呈先平缓后降低的趋势。在低浓度淀粉的作用下,γ-CD转化率变化不明显;随着淀粉浓度的增大,反应产物中γ-CD转化率降低而β-CD增多。原因可能是反应体积不变时,高浓度体系中淀粉与酶分子之间碰撞的可能性增大,酶促反应加快,使得体系中生成的小分子糖增多,小分子糖可进一步被γ-CG-Tase作为偶合反应的底物,而相比于β-CD,γ-CD更容易结合于γ-CGTase底物结合位点,使γ-CD成为偶合反应更适合的底物,最终导致高浓度反应体系中,γ-CD减少而β-CD增加。综合考虑转化率及实际情况,选择5%淀粉浓度进行后续研究。

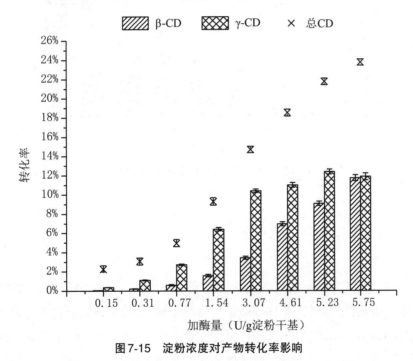

图7-15 淀粉浓度对产物转化率影响

7.2.14 加酶量对γ-CD制备的影响

合适的加酶量对于CD的制备具有重要意义,不仅可以提高转化率和产物特异性,还能减弱副反应强度、降低生产成本,而且加酶量也应根据反应条件做出相应调整。在最适底物条件下,探究了加酶量对转化率的影响,结果如图7-16所示。随着酶量的增加,总CD转化率呈上升趋势且γ-CD所占总产物的比例减少。在添加量为5.23 U/g淀粉干基时,γ-CD的转化率最高,用量继续增多时,γ-CD转化率减少。这可能由于γ-CGTase不仅拥有环化活力,还具有歧化、偶合、水解活力,当加酶量增大时,环化反应加快,CD生成量增多,而γ-CG-Tase其他反应速率也会增强。当体系中小分子糖的生成量增多时,相比于β-CD,γ-CD与γ-CGTase更容易发生偶合反应[16],这将使γ-CD含量减少而β-CD转化率仍在提高。在本研究最适反应条件下,加酶量为5.23 U/g淀粉干基时,γ-CD转化率最高。

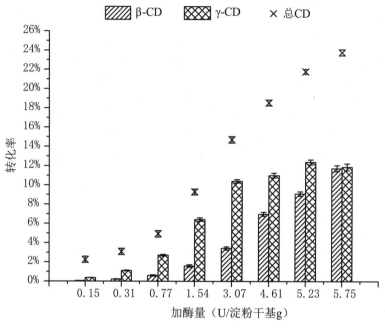

图7-16　加酶量对产物转化率影响

7.2.15　Ca²⁺对γ-CD制备的影响

Ca²⁺的添加使γ-CGTase温度稳定性得到有效的提高,但CD制备过程比较复杂,影响因素较多,温度稳定性提高的γ-CGTase是否有利于γ-CD的制备仍需验证。为了更好地探究Ca²⁺在γ-CD制备中所起的作用,选择上述重组γ-CGTase(10 mmol/L Ca²⁺)的最适制备条件,对照组中不添加Ca²⁺。此外,酶活性变化后会使不同反应时间的产物比例发生改变,因此在55 ℃、pH 10.0的前提下,以5%木薯淀粉为底物,添加5%乙醇和5.23 U/g淀粉干基γ-CGTase反应不同的时间,测定产物生成,结果如图7-17所示。总体来看,γ-CD和总CD的转化率随反应时间的延长呈先增加后减少的趋势,这可能是因为反应前期以环化活力占主导,生成γ-CD和总CD的含量增多,反应一段时间后,体系中生成的CD和小分子糖会在γ-CGTase的作用下发生偶合反应,使γ-CD和总CD含量下降。此外,从图中可以清晰地看到,添加Ca²⁺不仅使γ-CD转化率得到提高,还使总CD含量急剧增加,这主要得益于添加Ca²⁺后γ-CGTase温度稳定性得到显著提高。对照组反应4 h时,γ-CD转化率达到最大值

9.89％,而添加 Ca^{2+} 的样品组在 5 h 时,转化率为 12.37％,转化率提高了 2.48％,说明相同条件下,添加 Ca^{2+} 的 γ-CGTase 在高温条件下抗逆性更强,不易受热变性而降低酶活,最终使得 γ-CD 和总 CD 转化率提高。值得注意的是,添加 Ca^{2+} 的 γ-CGTase 酶活损失程度减少的同时,也会导致其偶合、水解、歧化反应加强,β-CD 含量增多,这也是总 CD 转化率显著增加的重要原因。与对照组相比,添加 Ca^{2+} 的样品反应产物中 β-CD 增加了约 2 倍,在一定程度上给后期的分离纯化带来不便,但由于本研究的重组酶不产生 α-CD,而 β-CD 主要依靠冷结晶的方式从体系中分离,故对后期实际生产未造成太多不便。总体而言,添加 Ca^{2+} 的 γ-CGTase 能提高 γ-CD 和总 CD 转化率,表明温度稳定性提高的 γ-CGTase 有利于 γ-CD 的制备,尤其是总 CD 的提升效果更为明显[17]。

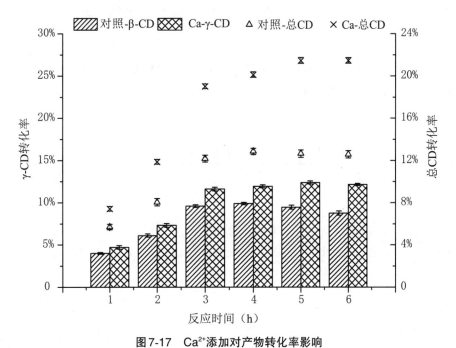

图 7-17 Ca^{2+} 添加对产物转化率影响

7.2.16 PpCD 对不同环糊精的选择性水解能力

在一系列条件优化下,实现了 γ-CD 的实验室规模的生产制备,但产物中还存在一定的 β-CD。为得到高纯度的 γ-CD 以分离食品污染物,本研究筛选并表达了环糊精水解酶 PpCD,选择性降解 β-CD,以得到高纯度的 γ-CD,从而应用于食品污染物的分离和追溯处理。

为了更直观地描述 PpCD 的选择性水解能力,测定了 PpCD 对 α-CD,β-CD 和 γ-CD 的动力学参数。如表 7-3 所示,PpCD 对 α-CD 具有最高的底物亲和力,对 β-CD 具有相对弱的底物亲和力,而当 γ-CD 作为底物时的催化活力最差。α-CD 和 β-CD 的 k_{cat}/K_m 值,即催化效率,分别比γ-CD的高12倍和5倍。因此，可以看出PpCD对α-CD具有最高的水解倾向性，推测该酶在α-CD，β-CD和γ-CD中选择水解能力显著，尤其是在α-CD和γ-CD之间。PpCD的水解特异性与现有报道的大部分CD水解酶类不同，表明了PpCD独特的水解特异性[18]。

表7-3　PpCD以α-CD，β-CD和γ-CD为底物的动力学参数

底物	K_m (mg/mL)	k_{cat} (min^{-1})	k_{cat}/K_m (mL/mg·min)
α-CD	4.47	82.50	18.46
β-CD	11.61	70.00	6.03
γ-CD	52.14	48.63	0.93

7.2.17　PpCD在不同复配CD体系中的水解规律

通过对PpCD以α-CD，β-CD和γ-CD为底物的动力学参数测定，初步了解了PpCD的选择性水解能力。进一步参考常见的γ-CGTase产物的CD组成，如表7-4所示，配制含不同CD比例的模拟产物，以探究PpCD在此体系中的水解规律。

表7-4　γ-CGTase的来源及其产物CD的比例

菌属来源	总CD产量	CD产物比例		
		α-CD	β-CD	γ-CD
Bacillus subtilis strain 313	5%	0	0	100%
Bacillus sp. strain AL-6	34%	0	35%	65%
Brevibacterium sp. strain 9605	38.7%	4.7%	34.4%	60.9%
Bacillus clarkia strain 7364	53%	0	11%	89%
Bacillus ohbensis	30%	0	83%	16%
Bacillus sp. strain 32-3-10	6%	46%	5%	49%
Bacillus sp. strain G-825-6	10%	0	46%	54%
Bacillus sp. strain 7-12	34%	12%	47%	41%
Bacillus clarkia strain 7364 (γ-CGTase mutant A223K)	72.5%	0	12%	88%
Bacillus sphaericus strain 41	22%	22%	54%	24%

如图7-18所示，在初始的5 min反应时间内，反应产物与底物组成接近，无明显的选择性水解现象。然而，随着反应的进行选择性水解现象逐渐显著，如图7-18(a②，a③，b②，b③)和图7-19所示。如图7-18(a)所示，当以M2为底物反应5 h后，α-CD和β-CD的信号峰几乎消失，γ-CD仍有保留。此外，当γ-CD为主要底物时，选择性水解效果更为显著，然而在5 h后γ-CD也存在约26%的损失。当反应时间到达10 h时，γ-CD被水解为更小分子的麦芽低聚糖。如图7-18(b)所示，以M3为底物，当反应时间到达5 h时仅有γ-CD的信号峰保留，而当反应时间为10 h时，γ-CD信号峰消失，表明γ-CD被水解完全。这些结果与PpCD的动力学参数一致，表明了PpCD对α-CD的底物亲和性要高于β-CD和γ-CD，在不同CD的复合体系

中也具有明显的选择性降解效果。

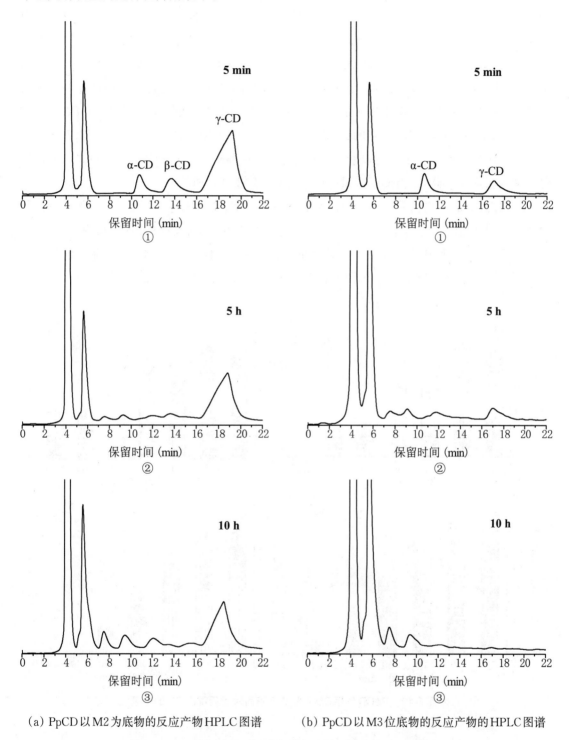

(a) PpCD以M2为底物的反应产物HPLC图谱　　　(b) PpCD以M3位底物的反应产物的HPLC图谱

图7-18　PpCD在不同CD复配体系中的反应产物HPLC图谱

　　进一步检测了10 h反应时间内体系中剩余的α-CD,β-CD和γ-CD含量,分别以M1,M2,M3和M4为底物探究了PpCD在混合CD体系中的水解过程的规律。反应1 h后,M1

的组成发生了如下变化：α-CD减少了57.3％，β-CD减少了24.71％以及γ-CD减少了11.06％。此外，M2的剩余底物为：37.05％的α-CD，66.00％的β-CD和89.45％的γ-CD。由此可以看出，M1和M2体系的水解过程类似，而当γ-CD为主要产物时，整体的水解速率更慢一些。当反应时间到达5 h后，两个体系中均只有γ-CD剩余，其中M1中剩余50.58％的γ-CD，M2中剩余73.88％的γ-CD。总体而言，γ-CD的纯化基本完成，对于M1体系约损失一半的γ-CD；而对M2体系损失大于20％的γ-CD；当以M3为底物反应1 h时，有89.38％的γ-CD被保留，然而仅有15.77％的α-CD被保留；对于底物M4，分别有25.31％和77.75％的β-CD和γ-CD被保留。由此可以看出，PpCD在α-CD和γ-CD、及β-CD和γ-CD之间的选择性水解效果显著。此外，当反应时间过长时，γ-CD会被完全消耗。

γ-CGTase的产物通常是由不同比例的α-CD，β-CD和γ-CD组成的CD混合物和不同聚合度的线性糊精组成。然而在非溶剂法CD的工业化生产中，线性糊精可由具有特定尺寸的超滤系统除去，使得产物中具有高比例的不同CD混合物。PpCD对γ-CD制备的研究可以为后续部分替代如柱分离等下游纯化步骤提供一个新的选择可能性。

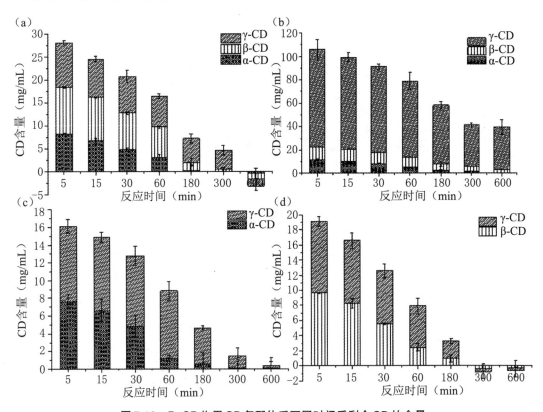

图7-19 PpCD作用CD复配体系不同时间后剩余CD的含量

7.2.18　温度对PpCD水解过程的影响

PpCD为高度耐热型CDase,且该酶的温度耐受范围较广,温度可能是影响PpCD的选择性水解过程的重要因素,因此探究了不同温度下该酶的CD水解效果。如图7-20(a)所示,随着温度从60 ℃提升至85 ℃,α-CD的比例不断下降,而β-CD和γ-CD的比例则不断上升,且γ-CD的比例上升要高于β-CD。已知在60~85 ℃温度范围内PpCD的酶活力随温度升高而增加,且PpCD对α-CD具有最高的底物亲和性,因此实验所得结果与前面章节所描述的PpCD的酶学性质一致。尽管γ-CD的比例保持持续上升,而γ-CD的增长率在60~70 ℃温度范围内有略微下降,而后随着温度的升高γ-CD的增长率迅速提升,如图7-20(b)所示。这可能是由于当温度低于70 ℃时,酶活力随温度变化不显著。此外,PpCD的最适温度为95 ℃,而PpCD在85 ℃时具有更高的温度稳定性,因此85 ℃应为PpCD更适宜的选择性水解温度。

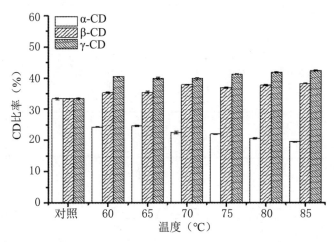

(a) 剩余CD混合物中α-CD、β-CD和γ-CD的比例

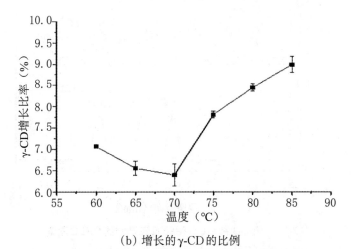

(b) 增长的γ-CD的比例

图7-20　温度对PpCD选择性水解能力的影响

7.2.19　PpCD对γ-CGTase产物中γ-CD的纯化效果

基于以上PpCD对CD复配模拟体系的选择性水解效果探究,进一步地,我们以来源于*Bacillus* sp.的γ-CGTase作用于淀粉的真实产物体系,探究了PpCD对γ-CD的纯化效果。如图7-21(b)所示,以5%的玉米淀粉为底物反应6 h的产物中主要是β-CD和γ-CD。如图7-21(a)所示,加入PpCD反应4 h后,β-CD几乎被完全水解而γ-CD仍有较大程度的保留。此外,体系中的G3和G4的比例提升,这与前面章节所证实的PpCD对β-CD的水解机制一致。这些结果进一步表明了PpCD可以实现γ-CD的纯化,并且体系中会伴随一些麦芽低聚糖的存在。据先前报道,麦芽低聚糖可以相对较为容易地与CD进行分离[19]。因此,提出了利用如PpCD的CDase的选择性水解处理,作为膜分离后续分离替代手段的非有机溶剂法制备γ-CD的工艺流程,如图7-22(b)所示。基于以上结果,可以看出PpCD具有在制备γ-CD工艺中使用的潜力[20]。

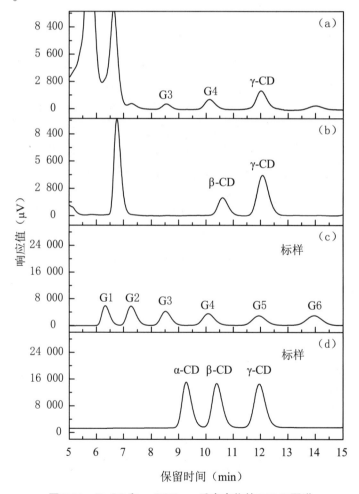

图7-21　PpCD和γ-CGTase反应产物的HPLC图谱

(a) PpCD水解γ-CGTase反应产物的HPLC图谱;(b) γ-CGTase反应产物的HPLC图谱;(c) G1-G7标准品;(d) α-CD、β-CD和γ-CD标准品。

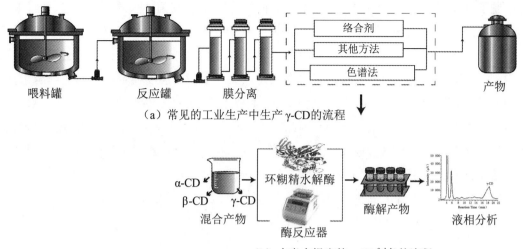

（a）常见的工业生产中生产 γ-CD 的流程

（b）本章中提出的 γ-CD 制备的流程

图 7-22　γ-CD 的特定非有机溶剂生产的示意图

小　结

作为淀粉的高附加值产品，CD 已被广泛应用于食品、医药、材料、化妆品等领域。在常见的 3 种 CD 中，β-CD 在实际应用中最多。本研究通过对普鲁兰酶的改造，实现 β-CD 的增产。基于 β-CD 外亲水内疏水的性质和 β-CGTase 具有水解环糊精这一特性，本研究试图利用 β-CGTase 的水解活性将环糊精包合物的环糊精的环状结构打开，进而促进客体分子从包合物中释放，以实现客体分子的提取和分离释放。在对包合物研究的过程中，主体分子选用了最为常用的 β-CD，客体分子选择了 β-CD 包合物中比较典型的两种客体分子，分别为香兰素和姜黄素。香兰素是一种重要的香料，在化妆品领域可作为化妆品的香精和定香剂，在食品领域可作为食品香料和调味剂；姜黄素是从中药中提取的一种酚类化合物，是一种功能性物质，因具有一定的抗炎、抗氧化、利胆等功效而被广泛应用。在结构上两种物质也较为典型，香兰素分子是典型的单苯环的结构，姜黄素为双苯环结构，且这两种物质的水溶性都比较差，直接暴露在氧或光的环境下会被逐渐降解，所以是包埋领域研究中客体分子的最佳选择。对这 2 种简易分子模型的研究，为食品污染物的环糊精包埋、再酶解释放提供了基础，可实现部分难以鉴定的食品污染物混合物的分离后再鉴定，可准确追溯食品污染物的种类，以阐明食品污染物的特征和形成机制。

β-CD 的应用存在一定局限性，对于分子量更大的食品污染物分子来说，γ-CD 较大的空腔、良好的溶解性无疑使其成为最优的选择，此外，γ-CD 对细胞损伤小、安全性高的特质，使其在生物医药行业有广阔的应用前景。目前，γ-CD 的市售价格约为 β-CD 的 80 倍，昂贵的价格限制了其应用。γ-CGTase作为γ-CD生产的主要酶制剂,其菌种来源十分有限,且野生型的温度稳定性较差,这些限制因素,大大阻碍了γ-CD的工业化生产,导致生产成本高和市场占有率低。为克服γ-CGTase种类不足以及温度稳定性差的问题,本研究通过分析比对,筛选得到一个新型的γ-CGTase,探索了Ca^{2+}及定点突变手段对温度稳定性提高的影响,为γ-CGTase温度稳定性基础研究提供参考以及工业化生产γ-CD提供新的选择。此γ-CGTase制备得到的产物中存在一定的β-CD,因此筛选得到具有高度的CD底物专一性的环糊精水解酶PpCD,且作用不同CD的水解效率为α-CD > β-CD > γ-CD,推测PpCD对不同的CD具有选择性水解效果,可用于非溶剂法制备CD中的γ-CD分离。已进行了实验室规模的γ-CD的制备,并可用于分子量更大的食品污染物的包埋及分离鉴定应用。

参 考 文 献

［1］ KURKOY S V, LOFTSSON T. Cyclodextrins ［J］. International Journal of Pharmaceutics, 2013, 453 （1）: 167-80.

［2］ MALLARD I, STÄDE L W, RUELLAN S, et al. Synthesis, characterization and sorption capacities toward organic pollutants of new β-cyclodextrin modified zeolite derivatives［J］. Colloids and Surfaces A: Physicochemical and Engineering Aspects, 2015, 482: 50-57.

［3］ FAUCHÈRE J L, CHARTON M, KIER L B, et al. Amino acid side chain parameters for correlation studies in biology and pharmacology［J］. International Journal of Peptide and Protein Research, 1988, 32 （4）: 269-278.

［4］ VAN DER VEEN B A, VAN ALEBEEK G J W, UITDEHAAG J C, et al. The three transglycosylation reactions catalyzed by cyclodextrin glycosyltransferase from Bacillus circulans （strain 251） proceed via different kinetic mechanisms［J］. European Journal of Biochemistry, 2000, 267(3): 658-665.

［5］ LI X, BAI Y, JI H, et al. Phenylalanine476 mutation of pullulanase from Bacillus subtilis str. 168 improves the starch substrate utilization by weakening the product β-cyclodextrin inhibition［J］. International Journal of Biological Macromolecules, 2020, 155: 490-497.

［6］ 雍国平, 李光水. 香兰素β-环糊精包合物的纯度和结构特征研究［J］. 化学研究与应用, 2001, 13(5): 527-529.

［7］ 韩刚, 许建华, 李魏娜, 等. 姜黄素β-环糊精包合物的制备工艺研究［J］. 中药材, 2004, 27(12): 946-948.

［8］ 喇万英, 韩刚, 韩淑英, 等. 姜黄素-β-环糊精包合物的制备与验证［J］. 中成药, 2005, 27(8): 966-968.

［9］ STELLA V J, RAO V M, ZANNOU E A, et al. Mechanisms of drug release from cyclodextrin complexes ［J］. Advanced Drug Delivery Reviews, 1999, 36(1): 3-6.

［10］ HO B T, JOYCE D C, BHANDARI B R. Release kinetics of ethylene gas from ethylene-α-cyclodextrin inclusion complexes［J］. Food Chemistry, 2011, 129(2): 259-266.

［11］ HIRAYAMA F, UEKAMA K. Cyclodextrin-based controlled drug release system［J］. Advanced Drug Delivery Reviews, 1999, 36(1): 125-141.

［12］ XIA L, BAI Y, MU W, et al. Efficient synthesis of glucosyl-β-Cyclodextrin from maltodextrins by combined action of cyclodextrin glucosyltransferase and amyloglucosidase［J］. Journal of Agricultural and

Food Chemistry,2017,65(29): 6023-6029.

[13]　ALVES-PRADO, H. F. Production of cyclodextrins by CGTase from Bacillus clausii using different starches as substrates. Applied Biochemistry and Biotechnology,2007. 146(1): 3.

[14]　PISHTIYSKI I, ZHEKOVA B. Effect of different substrates and their preliminary treatment on cyclodextrin production[J]. World Journal of Microbiology and Biotechnology,2005. 22(2): 109.

[15]　FENELON V C. Ultrafiltration system for cyclodextrin production in repetitive batches by CGTase from Bacillus firmus strain 37[J]. Bioprocess & Biosystems Engineering,2015. 38(7): 1291-1301.

[16]　HIRANO K. Molecular cloning and characterization of a novel γ-CGTase from alkalophilic Bacillus sp [J]. Applied Microbiology & Biotechnology,2006. 70(2): 193-201.

[17]　BAI Y,JI H,JIANG T,et al. γ-CGTase 酶学性质及产物特异性影响因素[J]. Food and Fermentation Industries,46(5): 38-45.

[18]　JI H, BAI Y, LI X X,et al. Preparation of malto-oligosaccharides with specific degree of polymerization by a novel cyclodextrinase from Palaeococcus pacificus[J]. Carbohydrate Polymers,2019,210: 64-72.

[19]　BAI Y, WU Y, JI H,et al. Synthesis, separation, and purification of glucosyl-β-cyclodextrin by one-pot method[J]. Journal of Food Biochemistry,2019,43(8): e12890.

[20]　JI H,WANG Y,BAI Y,et al. Application of cyclodextrinase in non-complexant production of γ-cyclodextrin[J]. Biotechnology Progress,2020,36(2): e2930.

第8章 农药残留风险评估系统构建

8.1 概　　述

农药是包括中国在内的全世界农业生产中不可或缺的投入品,在农产品生产病虫草害防控中发挥了重要作用,但其非科学、不安全的使用也给农业可持续发展以及居民健康带来了许多负面影响,成为制约我国农业持续和稳定发展的突出问题。面对我国农药生产和使用现状及存在的问题,我国于2017年6月1日实施了新版《农药管理条例》,要求加强农药监管,确保农产品有效供给和质量安全,推进农业绿色发展。按照农业农村部的统一部署,迫切需要以贯彻实施新《农药管理条例》为契机,以服务现代农业和绿色农业发展为导向,以农药全程监管、农药安全监管为重点,健全农药监管体系,提升监管能力,为农业生产安全、农产品质量安全提供有力保障。而构建农药残留风险评估系统是加强农药监管的重要抓手,能全面规范农药的合理使用。

环境风险评估是利用环境科学和毒理学等专门知识,定量评估污染物对人类和生物产生负面效应的概率及其程度的过程。农药的大量使用给生态环境和人体健康带来潜在危害,据报道,农药在施用后除少部分作用于靶标生物体外,会有80%～90%的量最终进入土壤,再从土壤中转移至大气、水体、植物体、微生物体等,因此农药在土壤中的归趋是农药环境行为研究中不可或缺的重要内容。

农药在土壤中的吸附-解吸影响着农药的生物活性并决定着土壤中农药的最终归宿,包括农药在土壤中的化学降解与生物降解、农药在土壤中的挥发、植物对土壤中农药的吸收与利用、农药在土壤中的移动与扩散、农药在土壤中的淋溶与对地下水的污染。农药在土壤中的吸附-解吸研究是探究农药的环境行为及其环境生物毒性的基础,是农药环境安全性评价重要的参考依据。从毒理学角度来看,化合物只有自由溶解在水中时才能被有机体吸收和利用。因此,农药被土壤吸附以后会削弱其自身生物活性并减少微生物对其降解。根据前人的大量研究报道,吸附可以减少有机体对农药的吸收,同时农药在土壤中的吸附限制了其移动与扩散的能力,降低了农药在土壤中的流动性、毒性以及生物活性,削弱了对周围环境的进一步污染。从这一角度来看,土壤吸附对某些农药起着缓冲、净化及解毒作用。然而土壤对农药如果达到了饱和吸附,就会导致对农药净化能力的丧失,过量的农药会在土壤中不断累积,进而污染土壤、地表水及地下水。

8.2　农产品溯源方法研究

一般而言,从农场到餐桌的食品需要经过养殖、加工、储运和销售等环节。常见的农产品溯源系统主要包括植物(蔬菜、瓜果、粮油等)溯源系统、畜禽(猪、牛、羊、鸡、鸭、鹅等)溯源系统、水产品(捕捞鱼、养殖鱼、海鲜产品等)溯源系统。根据多年的溯源推广经验,本章从农产品流通的角度,把这三类溯源系统合并成食品类农产品溯源系统(图8-1)。通过 XML 数据管理各个子溯源系统的信息,形成供用户查看的自扩展溯源平台。当平台中的其中某个产品溯源信息较少时,显示单个页面;某个产品溯源信息多时,自动增加多个界面;溯源产品之间允许多级调用,溯源信息伴随货物流通,自动提交到食品加工企业、餐饮和超市;溯源过程的信息(图片、视频和文字)允许跨平台调用。这正如同 Internet 上的 Web 页面,虽然数据结构不尽相同,但不妨碍搜索引擎对关键信息进行抓取。在农产品溯源系统中,消费者只需通过一个查询页面,就可检索到该食品的安全信息(新鲜度、加工点、责任人等)。从图8-1中可看出,种养殖基地、加工厂、配送站、超市等地的溯源信息独立传输给 Web 服务器,消费者通过手机扫描二维码可获取农产品的安全信息。这类溯源过程不强调详尽的过程信息,反而重视各个阶段的责任人和处理时间,以保证食品的新鲜度。

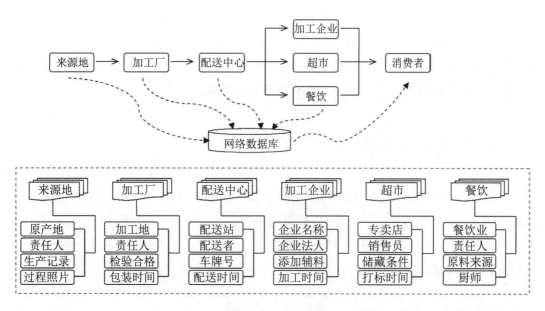

图8-1　一般的食品类农产品溯源系统流程图

8.2.1　食品追溯定义

关于食品追溯(food traceability)目前仍没有统一的定义。

国际标准化组织(International Organization for Standardization, ISO)在 ISO 8402—1994《质量管理和质量保证》中将可追溯性定义为:通过记录的标识,追溯某个实体的历史、用途或位置的能力。

国际食品法典委员会(Codex Alimentarius Commission, CAC)将食品溯源定义为:鉴别/识别食品如何变化、来自何处、送往何地以及产品之间的关系和信息的能力。

欧盟委员会(European Commission, EC)在 EC 178/2002《食品法规的一般原则和要求》中将食品行业的可追溯性定义为:在整个食品供应链全过程中,发现和追踪食品生产、加工、配送、以及用于食品生产的动物的饲料或其他原料的可能性。

美国食品药品监督管理局(U.S. Food and Drug Administration, FDA)将追溯定义为:通过纸质或电子方式记录产品、生产者,从何处来,运往何地的能力,包括时间信息。

日本农林水产省(Ministry of Agriculture, Forestry and Fisheries of Japan, MAFFJ)在《食品追踪系统指导手册》中,将食品追溯定义为:能够追踪食品生产、加工、处理、流通及销售整个过程的相关信息。

中国物品编码中心(Article Numbering Center of China, ANCC)在《水果、蔬菜跟踪与追溯指南》中将可追溯性引申为跟踪与追溯:跟踪(tracking)是指从供应链的上游至下游,跟随一个特定的单元或一批产品运行路径的能力;追溯(tracing)是指从供应链下游至上游识别一个特定的单元或一批产品来源的能力,通过记录标识的方法回溯某个实体来历、用途和位置的能力。

本书认为,食品溯源是一种以信息为基础的先行介入措施(proactive strategy),即在食品质量和安全管理过程中正确而完整地收集溯源信息,食品溯源本身不能提高食品的安全性,但它有助于发现问题、查明原因、采取行政措施以及追究责任。

8.2.2　溯源粒度分析

从应用的角度来看,溯源大致可分为外部溯源和内部溯源:外部溯源是从最终的成品追踪到运输、贮存、销售和生产等环节;内部追溯则属于企业内部对生产环节的追踪。从理论的角度来看,溯源表征的是供应链体系中跟踪某个产品的记录体系。衡量这个追溯体系的指标有宽度(breadth)、深度(depth)和精确度(precision)。宽度指系统所包含的信息范围;深度指可以向前或向后追溯信息的距离;精确度指可以确定问题源头或产品某种特性的能力。溯源粒度(size)指的是可以进行食品追溯的最小个体,例如个体、批次或企业。追溯粒度越小,追溯信息则越详细,同时追溯成本也呈指数增长。目前的农产品溯源系统多是单个企业内部的溯源系统,或者是某个区域、某个类别农产品的溯源系统。这样的溯源系统难以对农产品的整个产业链进行溯源,在局部地区尚可行,但在全国或全球的范围而言仍显得过于繁琐。针对农产品流通过程中的不确定性,我们需要从更高层次抽象、概括农产品溯源单元流动过程,还原产品流通环节。从目前的中国国情来看,以企业作为溯源粒度,更加具有可操作性。消费者对于所购买的不合格产品,只想追溯到涉事企业,进行责任追究;至于产品原料,那是企业内部溯源的问题。以企业为最小责任主体的溯源系统,可关联工商系统的企业数据库,要求企业对产品进行标识,对失信企业进行黑名单公布,允许消费者对企业产品进行评价。这样,在引入社会监督的情况下,可以最小的成本实现最大化的溯源。

8.2.3 一种基于数据关联模型的产品深度溯源方法

本节针对现有溯源检索技术的低效率运作、无法智能化多级深度溯源的缺陷,提供一种基于数据关联模型的产品深度溯源方法,通过溯源信息录入平台和溯源信息检索平台进行实现,包括如下步骤:

① 在溯源信息录入平台中对录入的不同供应链节点的产品属性参数展开进行解读;

② 形成映射路径与关联检索模型;

③ 在溯源信息检索平台中检索某一关键词,沿完整映射路径进行正逆向溯源查询;

④ 按照映射路径从相关数据库读取全部所需数据。

这一方法旨在升级已有溯源技术的溯源能力,在全供应链流通环节实现正确可信、完整高效、可智能化多级深度溯源和多级检索、对全局检索更具规划控制力的溯源技术,来服务终端市场,服务相关产业,服务有关监管部门。

1. 技术方案

这种基于数据关联模型的产品深度溯源方法通过溯源信息录入平台和溯源信息检索平台进行实现,包括如下步骤:

(1) 在溯源信息录入平台中对录入的不同供应链节点的产品属性参数展开进行解读。

① 在生产加工过程、供应链环节中,用现实逻辑先筛选出录入节点,标记录入节点;

② 展开每一个节点数据的完整录入结构,包括把节点的完整字段结构展开并录入;

③ 对字段自然属性与语义属性进行解读;

④ 提取字段信息关键词并归类到逻辑性数据结构内,在逻辑性数据结构内形成字段名称标记;

⑤ 按照逻辑性数据结构存储数据。

在所述步骤中,节点的字段结构通过XML可扩展标记语言编写实现,创建DOM转换,把节点字段结构的字符串转换成DOM对象。

（2）形成映射路径与关联检索模型。

① 编码标记逻辑性数据结构内的属性参数关键词,其中,属性参数关键词的编码中必须标记投入品参数的被引用功能;

② 以产品生产加工过程时间节点链为主线,以逻辑子结构为分线形成供应链所有节点与字段信息之间的完整映射路径;

③ 将标记编码代入完整映射路径即形成数据关联检索模型。

（3）在溯源信息检索平台中检索某一关键词,沿完整映射路径进行正逆向溯源查询。

① 检索并定位到检索路径最短的一个关键词所在节点与子结构位置;

② 沿映射路径正逆向检索,按照标记编码形成这一检索词的唯一检索映射路径。

（4）按照映射路径从相关数据库读取全部所需数据。

① 根据检索关键词读取用户所需的某段映射路径;

② 通过负载均衡优先在数据缓存库字典服务中查找匹配字段;

③ 如果有匹配的字段,则读取全部相关溯源信息,所述相关溯源信息指的是和匹配字段在同一条检索映射路径上的相关字段信息;

④ 如果没有匹配的字段,则进入下一级负载均衡选择,在数据库中查找匹配字段;

⑤ 如果有则读取全部相关溯源信息;

⑥ 如果没有则视为读取失败。

所述供应链指的是:种源投入品—养殖/种植—生产加工—物流销售。基于供应链的描述,所述节点含义为:种源投入品环节的节点包括购种源、存种源等;养殖/种植环节的节点包括育苗、育种、浇水施肥、喂食等;生产加工环节的节点包括清洗、煮制、包装等;物流销售环节的节点包括物流、分销、购买等。

所谓展开每一个节点数据的完整录入结构:指将每一个节点所包含字段信息列出,并定义字段类型。

2. 有益效果

与现有技术相比,提供的基于数据关联模型的产品深度溯源方法,可以快速检索溯源信息。可广泛应用于智能农业信息化管理体系,应用成本低,维护简单,并具有功能性优势与广阔的开发前景。核心优势总结如下:

① 溯源信息结构化存储,存储结构更清晰,可有效避免数据重复存储、脏数据误存等操作,有效减少在数据整理和跳转衔接中的人力成本;

② 根据逻辑数据结构建立数据关联检索模型与检索映射路径,优化检索速度和提高正确率,加强对全局检索行为的规划和控制能力;

③ 支持在多级深度溯源中,通过完整映射路径,提前进行多步、多路发现路径的规划,并对运行过程中发生的耗时、失败等情况具备有效的控制能力;

④ 基于以上技术优势基础,可以适应更复杂的业务场景与更高级的检索任务模式。

8.2.4　农业农村部农产品溯源编码规则

溯源系统是应用标识技术,对农产品的生产、加工、流通和检测等环节实施全程监管的系统。基本做法是对农产品的种植区域进行规划,对生产情况进行电子记录,对使用者和检验结果记录在案,对生产场所实施危害分析与关键控制点管理,建立中心数据库,记录各环节的信息,实现对农产品生产过程的跟踪和溯源管理。建立农产品溯源系统,有三个基本要素,分别是产品标识、数据库和信息传递。

根据生产实际情况,标识首要考虑的问题是低成本、易用性以及与现有的生产管理相融合。在RFID标识实现大规模推广应用之前,条形码标识仍然是使用最广泛的农产品标识。人工输入追溯码,速度慢且易发生错误,因此为实现追溯码的自动获取,采用了二维条码技术。在产品标签上,显示该产品的安全信息(如追溯码、品种产地、责任人等),提示了如何使用该追溯标签,最下面的一维条码方便现场查询,二维条码(QR码)可供手机识读。此外,对于高附加值的农产品(如茶叶),我们还在标签背面增加了RFID芯片,进行非接触式识读。农产品的编码规则参照《NYT 1431—2007农产品追溯编码导则》。有两种方式,一种是采用20位长码,其含义为1位(类别)+6位(行政区划)+2位(公司)+2位(产品)+6位(日期)+3位(批次号);另一种是采用10位的短码,其含义为1位(类别)+5位(日期)+2位(品种)+2位(序列),方便消费者通过短信或电话的方式查询。

一般来说,要给每个贸易产品或贸易产品的集合体分配一个全球唯一的EAN-UCC全球贸易项目代码(global trade item number,GTIN)。GTIN可以由条码表示,例如,商品条码EAN-13,其数据结构遵循《商品条码》(GB 12904—2003),由中国物品编码中心统一分配。GTIN是一个标识代码,用于数据库查询的关键字段。除GTIN外,产品标签上还需要附上必要的属性信息,例如,批号、重量、生产日期等。在猪肉产品供应链中,可用UCC/EAN-128条码符号记录产品的附属信息,例如,猪只出生国、饲养国、耳标号、屠宰场编号等。国家标准《EAN/UCC系统应用标识符》(GB/T 16986—2003)为每个AI的含义进行了预定义,如表8-1所示。

表8-1　EAN-UCC系统的猪肉供应链关键信息交换过程

供应链环节	屠　宰	分　割	销　售	零　售
标签类型	耳标	胴体标签	加工标签	零售标签
码制	一维条码	UCC/EAN-128	UCC/EAN-128	EAN-13
信息交换方式	一维条码	EAN/UCC-128	EAN/UCC-128	GTIN
关键信息	耳标号	AI01　GTIN AI251　耳标	AI01 GTIN AI251 耳标 AI10 批号	

供应链环节	屠　宰	分　割	销　售	零　售
属性信息		AI422　出生国 AI423　饲养国 AI7030　屠宰国与屠宰厂批准号码	AI422 出生国 AI423 饲养国 AI7030 屠宰国与屠宰厂批准号码 AI412 全球位置码 AI7031 分割国与分割厂批准号码	

8.2.5　溯源算法

将每个物体从产生起就标记上编号和自身特征符。物体在整个生命过程中可能会裂变，一个分成几份，分别流向不同区域。当其裂变的时候会给自己的每个子体留下其父体痕迹，也有可能在某些特殊情况下会与其他子体结合成新的物体，当然这个新物体里面会包含之前所有子体的特征符，这是个递归的过程。依据父体在子体中留下的特征符，查找所有与这个物体有关系的父体信息，在分裂、合并过程中会自动建立起它们之间的关系网。需要明确的是，追踪是从上到下找出所有与之有关的子体信息，溯源指的是由下到上地查找有关父体的信息。由以上两点，在建树过程中需要追踪关系网和溯源关系网。

在数据库设计中，每张表至少包含以下3个字段：

(1) trace_code 追溯字段，内容格式如下：

father_id 父体特征符；fathertable_tablename 父体所在的数据库表名。

(2) Object_id 本体特征符。

(3) track_code 跟踪字段，内容格式如下：

child_id 子体特征符；child_tablename 子体所在的数据库表名。

追溯算法的VB.Net核心代码如下：

```
sub Trace_info (tracecode)
    press=press+1 '打开隶属于该节点的所有叶子数据信息
    arrycode=split (tracecode,",")
    if ubound (arrycode) =2 then '去除数组下标越界
    set rs_sub=Server.CreateObject ("ADODB.Recordset")
    subSql="select KTLY_incode,KGLY_outcode from "&arrycode(2)&" where KG-
LY_outcode='"&arrycode (0) &"'"
    rs_sub.Open subSql,conn,3,3
    if not rs_sub.eof   then
      arry=rs_sub ("KTLY_incode")
```

```
            strinfo＝rs_sub ("KGLY_outcode") &."|"&arrycode (2)
            insertdate (strinfo)    '-分层插入数组
            rs_sub.close ()
            set rs_sub＝nothing
        arrynext＝split (arry,";")
          i＝0
          while i<= ubound (arrynext)
              Trace_info arrynext (i)
              i＝i+1
          wend
        else
        rs_sub.close
      set rs_sub＝nothing
      end if
    else
    end if
end sub
///分层插入数组,去除重复信息
sub insertdate (trace_code_table)
  getstr＝split (trace_code_table,"|")
    if ubound (getstr) ＝1 then
for m＝0 to ubound (tablearry)
      if tablearry (m) ＝getstr (1) then
      exit for
      end if
    next
for p＝0 to 80
  if dataarry (m,p) ＝getstr (0) then
    exit for
    end if
  if dataarry (m,p) ＝"" then
    dataarry (m,p) ＝getstr (0)
      exit for
    end if
  next
```

```
      else
      response.Write ("查找数据有错")
    end if
  end sub
///显示查找到的各级信息
sub showmsg
for i=0 to 30
  for j=0 to 50
    if dataarry (i,j)<>"" then
    response.Write ("数据库表名:")
     response.Write (tablearry (i) )
     response.Write ("||")
     response.Write ("溯源过程码:")
     response.Write (dataarry (i,j) )
     response.Write ("<br>")
     end if
    next
  next
end sub
```

8.2.6 物流与信息流

当前,溯源系统的瓶颈是"产供销"过程中信息缺失,传输不畅。这是由产品在流通时物质流与信息流不同步造成的;另外,追溯系统涉及多个部门甚至多个企业,如何快速有效地获取这些安全信息,是溯源行业亟待解决的难题。

通过组件式开发,溯源系统允许在条码打印时,自动录入固定信息,例如品种、产地、责任人、资质证明等。质检员也可以在制定的网站远程添加该批次产品质检报告。高级管理员可以通过短信的方式修改指定批次的产品信息。在3G网络覆盖的地方,生产责任人使用智能手机的拍照功能实时传送该批次产品的照片和生产记录卡。

在最终产品上,凡是贴有追溯码的产品包装,均可通过现场查询机查询到该产品的详细安全信息,例如品种、产地、责任人、产地环境、投入品检测、生产记录、产品检测报告等。此外,消费者购买产品后若发现问题,可通过短信的方式查询到该产品的基本安全信息以及相关责任人。

"民以食为天,食以安为先。"人们越来越重视饮食与健康的关系,讲究吃的质量,追求吃出品味。要吃得安全,当然以放心食品为首选。但在现实社会中,由于某些食品生产者和经营者法律意识和卫生意识淡薄,农药滥用现象尚未得到有效控制,导致农产品中药物残留与重金属等有害物质超标。农产品作为食品的重要来源,亟待加强质量安全管理。与此同时,有品牌意识的农产品企业也需要一种农产品质量安全溯源系统,来提高其产品的信任度和满意度。所以,在这种背景下,利用信息化技术和物联网技术,为农产品企业打通一条可公开溯源的道路,为消费者打通了一条深入了解食品生产信息的道路,建立一个农产品质量安全溯源系统就显得尤为重要了。该系统提供农产品在生产、加工、流通和销售环节的关键安全信息,每一环节都责任到人,一旦发现不合格产品,能够进行有效的控制和召回。与目前市场上的其他溯源系统相比,这一系统更注重于应用企业的需求,减少溯源过程中的重复劳动,注重溯源结果的展示度,注重提高与消费者的交互性。

一种农产品质量安全溯源系统包括:网络管理、短信管理、智能手机、条码打印、查询机和网站。

所述农产品质量安全溯源系统的步骤如下:

企业用户首先申请获得用户名和密码,经批准后,登录网络管理,填写企业的基础信息和产品信息,系统据此生产溯源码,并保存该溯源码对应的产品信息。若有联网条码打印机,则可自动进入条码打印模块,打印溯源码到介质上,粘贴到产品包装上。若无此种设备,用户可下载打印信息到本机,然后脱机进入条码打印模块打印溯源码。企业用户具有批量添加和批量修改所属产品的权限。企业用户所做的所有操作均作为历史记录加以保存。

一条标准的溯源码为20位,由类别(1位)、行政区划(6位)、公司(2位)、产品(2位)、日期(6位)和批次(3位)组成。

此溯源码所述企业用户包括:种植场、养殖场、加工厂、屠宰厂、运输企业、销售企业、深加工企业、餐饮企业等。

作为一优选实施例,对不同企业根据类别加以区别。不同类别的企业用户登录后台后,会进入不同的管理模块,填写独立的溯源信息,允许调用该产品的前置溯源信息,加以关联,生成连续的多层次溯源。

作为一优选实施例,溯源码可以生成一维条形码、二维条形码和EPC标签码,允许不同产品进行不同样式的包装,不会影响最终的溯源信息。系统根据溯源码的类别号加以区分,自动检索相关联的溯源信息。

作为一优选实施例,消费者可通过短信、电话、手机拍照、查询机和网站查询所购买产品的安全信息。同时,消费者可以点评所购买的产品,或者对溯源服务进行满意度评价。

本书提出的农产品质量安全溯源系统不仅可以同时对多种不同的商品进行溯源登记和查询,避免重复建设,具有灵活性高、使用范围广、数据处理能力强、更新便捷和与设备对接容易等特点,还具有以下功能:

① 系统根据生产厂家所在的地理位置,生成6位行政区域码和4位厂家编码;

② 根据产品的生产日期,生成6位批次编码和4位产品序列号;

③ 行政区域码、厂家编码、批次编码和产品序列号共同组成该产品的唯一追溯码，打印到相关载体上并附加到产品的外包装；

④ 消费者通过发短信的方式把追溯码发送到特定的服务号码，系统到数据库中寻找该追溯码对应的产品信息，若找到，反馈给消费者该产品的生产信息、厂家信息、质保信息和检验信息，若无，提示相应的错误信息；

⑤ 对于独立拥有该系统的厂家，消费者仅发送后10位编码，系统也可识别；

⑥ 在脱离数据库的情况下，也可追溯出生产企业的行政区域和生产日期等关键信息；

⑦ 系统能够自动记录消费者发送短信的手机号码，了解消费者的群体分布，便于定位市场开拓方向；

⑧ 在节假日，系统可对消费者发送祝福短信，提高消费者的忠诚度和满意率。

8.3 农药残留环境污染数学建模

8.3.1 数学模型

对农药残留环境污染进行数学建模，示意图如图8-2所示。

1. 土壤中农药滞留系数

$$RF = \left[1 + \frac{\rho \cdot f_{OC} \cdot K_{OC}}{\theta_{FC}} \right]$$

2. 土壤中农药滞留时间计算

$$T = \frac{D \cdot \theta_{FC} \cdot RF}{q}$$

3. 土壤中农药降解系数计算

$$AF_{GW} = \exp \left[\frac{-0.693 \cdot D \cdot \theta_{FC} \cdot RF}{q \cdot t_{1/2}} \right] = \exp \left[-t \cdot \frac{\ln 2}{t_{1/2}} \right]$$

式中，AF_{GW} 为农药在土壤渗流区停留期间的降解系数；$t_{1/2}$ 为土壤中农药的降解半衰期，单位为 d。由于土壤不同土层所含的有机质量计微生物群落不同，对 RF 及 $t_{1/2}$ 需要针对不同土层进行相应校正。根据 Jury et. al.(1983) 理论，我们建议将土壤分为 3 个不同层次，即表层土（OC 和微生物总数固定）、过渡土层（OC 和微生物总数指数下降区）和剩余区（OC 和微生物总数不变）。土壤总的 AF_{GW} 分上述 3 个不同土层分别计算，总的 AF_{GW} 为 3 个土层计算值的乘积。

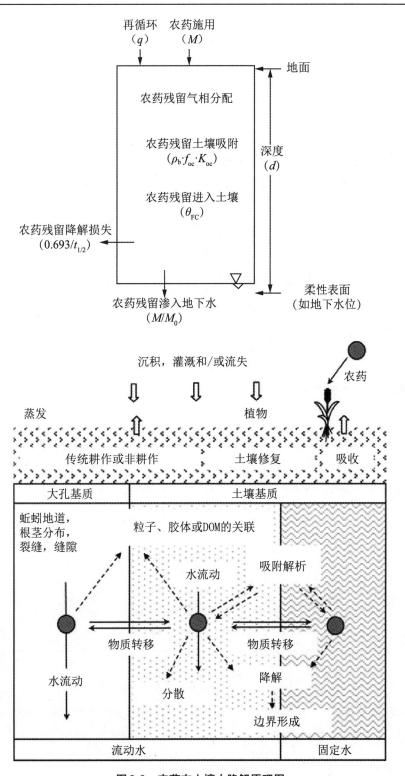

图8-2　农药在土壤中降解原理图

表层土AF值计算（$<0.1\,\mathrm{m}$）。土壤有机质含量为表层土有机质含量，$t_{1/2}$为农药实测降解半衰期。

过渡土层为0.1～1.0 m。

为方便起见,暂定以0.4 m 土层的有机质含量和$t_{1/2}$来计算预测:

$$\frac{\mathrm{d}f_{\mathrm{OC}}}{\mathrm{d}z} = \exp\left[-k(z-0.1)\right]$$

$$\frac{\mathrm{d}k}{\mathrm{d}z} = \exp\left[-k(z-0.1)\right] \tag{8-1}$$

式中,z为过渡土层的深度;k为农药降解速率($k=\ln2/t_{1/2}$);$k=2.98$。

剩余土层(1.0 m 以下)。AF_{RZ}该土层的f_{oc}和$(\ln2/t_{1/2})$均以表层土的1/10来代表计算,仍采用公式(8-1)计算。

农药在渗漏土层的总降解系数以上述3土层降解系数的乘积来计算:

$$AF_{\mathrm{GW}} = AF_{\mathrm{SZ}} \cdot AF_{\mathrm{TZ}} \cdot AF_{\mathrm{RZ}}$$

4. 农药载入量计算:农药载入浓度计算

$$LOAD(\mathrm{kg\ m^{-2}}) = f \times d \times a \times p$$

式中,f为农药使用次数,d为农药使用量($\mathrm{kg\ m^{-2}}$),a为有效成分含量(%),p为土壤受药面积百分比。

5. 土壤原始沉积量预测

$$F_{\mathrm{soil}} = (1-F_{\mathrm{int}}) \cdot (1-F_{\mathrm{air}})$$

式中,F_{soil}为农药试用后分布于土壤中的比例,为百分比形式;F_{int}为农药试用后沉积于作物表面的部分,为百分比形式;F_{air}为农药施用后进入空气中的部分(空气释放因子),为百分比形式,与农药的蒸汽压有关(表8-2)。

表8-2　不同蒸汽压农药的空气释放因子

农药蒸汽压(10^{-3} Pa)	空气释放因子
>10	0.4
1～10	0.32
0.1～1	0.15
0.01～0.1	0.08
≤0.01	0.02

$$C_{\mathrm{soil}} = \frac{F_{\mathrm{soil}} \cdot LOAD}{Deepth \cdot RHO_{\mathrm{pest}}}$$

式中,C_{soil}为农药使用后土壤残留浓度,单位为kg/kg (soil);$Deepth$为农药沉积土壤的深度,一般为0.05 m(喷雾)或0.2 m(拌土);RHO_{pest}为受药土壤的密度,单位为($\mathrm{kg/m^3}$)。

5. 地下水污染预测

土壤中农药滞留系数

$$RF = \left[1 + \frac{\rho \cdot f_{\mathrm{OC}} \cdot K_{\mathrm{OC}}}{\theta_{\mathrm{FC}}}\right]$$

式中，RF 为农药在土壤中的滞留系数；ρ 指土壤容积密度，单位为 kg/m^3；f_{OC} 指土壤有机质含量，单位为 kg/kg；θ_{FC} 为田间土壤含水量，单位为 m^3/m^3；K_{OC} 为农药有机质吸附常数。

6. 土壤中农药滞留时间计算

$$T = \frac{D \cdot \theta_{FC} \cdot RF}{q}$$

式中，T 为农药在土壤环境中的停留时间；D 指地面距水平面高度，θ_{FC} 指田间土壤含水量，单位为 m/m^3；q 为地下水补注率，单位为 mm。

拟采用降雨和灌溉水渗透因子来预测 q，预测方法如下：

$$q = q_{降雨} + q_{灌溉}$$
$$q_{降雨} = P \cdot \alpha$$
$$q_{灌溉} = I \cdot \beta$$

式中，$q_{降雨}$ 和 $q_{灌溉}$ 分别指降雨和灌溉渗补的地下水，单位为 mm；P 和 I 分别是指实际降雨量和灌溉水量，单位为 mm；α 和 β 分别是指降雨入渗补给系数和灌溉入渗补给系数，分别根据表8-3、表8-4进行估算。

表8-3　不同性质土壤年降雨入渗补给系数 α 估算表

年平均降雨量(mm)	土壤性质			
	黏　土	砂质黏土	黏质砂土	粉细砂
50	0~0.02	0.01~0.05	0.02~0.07	0.05~0.11
100	0.01~0.03	0.02~0.06	0.04~0.09	0.07~0.13
200	0.03~0.05	0.04~0.10	0.07~0.13	0.10~0.17
400	0.05~0.11	0.08~0.15	0.12~0.20	0.15~0.23
600	0.08~0.14	0.11~0.20	0.15~0.24	0.20~0.29
800	0.09~0.15	0.13~0.23	0.17~0.26	0.22~0.31
1 000	0.08~0.15	0.14~0.23	0.18~0.26	0.22~0.31
1 200	0.07~0.14	0.13~0.21	0.17~0.25	0.21~0.29
1 500	0.06~0.12	0.11~0.18	0.15~0.22	
1 800	0.05~0.10	0.09~0.15	0.13~0.19	

表8-4　不同性质土壤年灌溉入渗补给系数 β 估算表

地下水埋深(m)	灌溉水量(mm)	土壤性质		
		亚黏土	亚砂土	粉细砂
<4	50~100	0.1	0.1	
	100~150	0.1	0.15	0.2
	>150	0.1	0.2	0.2
4~8	50~100	0.05	0.05	0.05
	100~150	0.05	0.05	0.05
	>150	0.1	0.1	0.1

地下水埋深(m)	灌溉水量(mm)	土壤性质		
		亚黏土	亚砂土	粉细砂
>8	50~100	0.05	0.05	0.05
	100~150	0.05	0.05	0.05
	>150	0.05	0.05	0.05

地下水中农药量计算:

$$C_{GW} = AF_{GW} \cdot LOAD$$

表层土(<0.1 m)农药残留量预测:

$$C_t = C_0 \cdot \exp(-K_t)$$

式中,C_t 为 t 时间的土壤农药残留浓度,单位为 kg/kg;C_0 为土壤农药残留初始浓度,单位为 kg/kg;K 为表层土农药降解速率,单位为 d^{-1};t 为评估时间,单位为 d。

$$K = \frac{\ln 2}{t_{1/2}}$$

式中,$t_{1/2}$ 为默认温度条件下农药的降解半衰期,单位为 d^{-1}。

由于土壤环境中农药的降解受温度、土壤湿度、土壤吸附活性及 pH 等因素影响,K 值可以用以下公式进行预测。

$$K = K_{ref} \cdot (Q_{10})^{\Delta T} \cdot f_0$$

式中,K_{ref} 为默认温度(20℃)下的降解速率;Q_{10} 是一默认参数,为2.2;ΔT 为温度变量(环境温度−默认温度);f_0 为环境湿度影响因子。实验条件下默认环境温度为20℃,默认湿度为土壤最大持水量的50%。

$$f_0 = \left(\frac{RT}{RT_0} \right)^{0.718}$$

8.3.2 数据来源

数据包含了已经公开发表的文章和标准中的15个品种、3种土壤、7个品类,共计800种左右。

8.3.3 系统开发目的

为农业生产者、环境保护及立法机构以及农业生产管理部门提供一套实用的农药污染风险评估工具。重点评估在特定区域环境条件下,常用农药在土壤中的残留及对地下水和地表水的污染风险,指导合理选择和使用农药,主要有:

① 预测农药使用后在土壤表层的残留风险,并推测对农作物的转移污染;

② 预测农药使用后对地下水的污染;

③ 预测农药使用后对地表水的污染。

参数设置:

① 农药基本性质;

② 土壤性质;

③ 降雨量、灌溉情况等环境的农事操作因子。

8.4 农药残留环境污染风险评估系统用户界面

针对化学投入品使用缺乏监管的问题,研发基于云平台的农药残留土壤污染情况监控系统,通过LBS技术可进行跟踪和记录地理位置信息,记录化学投入品使用的详细信息(包括土壤、品种、使用量、使用时间等)。根据已经公开的农药残留土壤污染模型,对多次累计地块常年累计农药使用量进行风险推演,实现对用户与监管部门的双向风险预警与风险交流,构建化学投入品使用量的大数据预警。

"化学投入品使用的智能监测与分析预警系统"为田地的农药残留计算提供技术支持,使管理人员能轻松计算出不同农药的残留量,同时为管理部门提供查询服务和数据支持。

8.4.1 主要特点

① 根据客户选择的施药方式、施药次数、所使用的农药等数据,生成专业计算数据报表,为有关决策提供技术支持;

② 根据收集到的数据,在地图上显示每个地区的农药残留系数;

③ 专业人士可以根据自身实际情况"自定义参数"定制自己的计算模型,使计算更精确。

8.4.2 软件平台界面

1. 系统登录界面

点击主界面右上角"登录"(图8-3)。

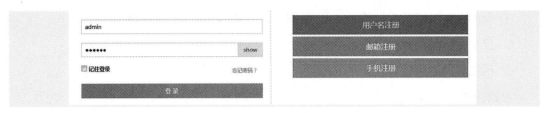

图 8-3 "登录"界面

2. 用户管理

对用户进行增删改查以及权限的管理(图 8-4)。

图 8-4 "用户管理"界面

3. 基础数据

基础数据界面如图 8-5 所示。

	农药ID	农药产品名(十字符以内)	农药使用量(kg/m^2)	有效成分名(十字符以内)	有效成分含量(%)	土壤吸附系数(Koc)	土壤中半衰期(天)	创建日期	状态	操作	
	10	qw	0.005	qsa	12	19	10	0000-00-00 00:00:00	禁用	启用 删除	编辑
	9	qw	0.12	qsa	10	10	10	0000-00-00 00:00:00	正常	禁用 删除	编辑
	2	PP321	0.005	PP321	60	10	10	2018-07-23 16:37:14	正常	禁用 删除	编辑
	1	三氟氯氰菊酯	0.005	三氟氯氰菊酯	40	10	10	2018-07-23 16:37:14	正常	禁用 删除	编辑

图 8-5 "基础数据"界面

4. 添加/编辑数据

点击"添加"进入编辑界面(图 8-6)。

新增农药

农药ID (不可编辑！)

农药名 (名称不得大于10个字符！)

农药使用量kg/m2 (使用量为正小数！)

有效成分名 (名称不得大于10个字符！)

有效成分含量% (有效成分比例为0-100的整数)

土壤吸附系数Koc (土壤系数为正整数！)

土壤中半衰期days (土壤半衰期为正整数！)

确定　返回

图 8-6　"添加/编辑"数据界面

点击"编辑"进入编辑界面。

5. 用户访问记录

用户访问记录界面如图8-7所示。

农残记录

搜索记录ID	使用次数	农药用量	有效成分	有效成分含量	土壤收药周期	施药方式	土壤高度	吸附系数	半衰期	预期天数	IP地址	用户ID	是否药确计算	创建时间
2	2	0.005	三氟氯氰菊酯	40	80	喷雾	1230	10	10	36	0.0.0.0	0	默认	2018-09-03 16:48:27
1	2	0.005	三氟氯氰菊酯	40	80	喷雾	1230	10	10	36	0.0.0.0	0	默认	2018-09-03 16:47:45

图 8-7　用户访问记录界面

6. 大数据地图

根据以上信息可绘制大数据地图。

8.4.3　网页主界面

1. 快速查询

点击 🔍 计算数据(图8-8)。

图8-8　快速查询界面

2. 精细查询/自定义参数

点击"精准评估",根据实际情况,增加精细数据填写功能(图8-9)。

图8-9　"精准评估"界面

3. 结果报表

结果报表如图8-10所示。

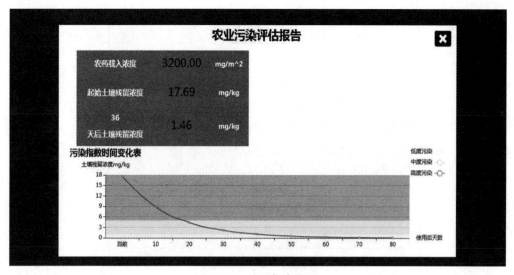

图8-10　结果报表界面

8.4.4　系统服务器端安装部署

系统服务器安装界面如图8-11所示。

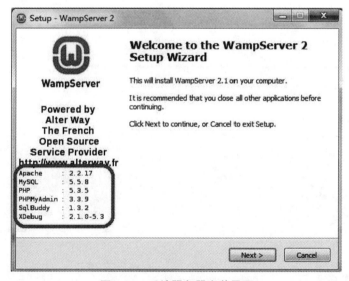

图8-11　系统服务器安装界面

注意安装路径的设置,该路径是开发的默认路径(图8-12)。

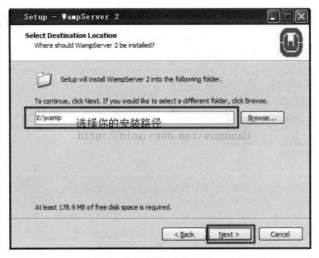

图8-12　安装路径弹窗

注：当安装完成后，打开软件如果提示"缺少masvcr110.dll"或者类似的.dll文件缺少，则打开网址"https://www.microsoft.com/zh-cn/download/details.aspx? id=48145"，下载Visual C++Redistributable，安装完成之后，重新安装Wampserver即可。

如果安装成功，启动Wampserver，在浏览器里输入http://localhost/，出现以下画面（图8-13）说明安装成功。

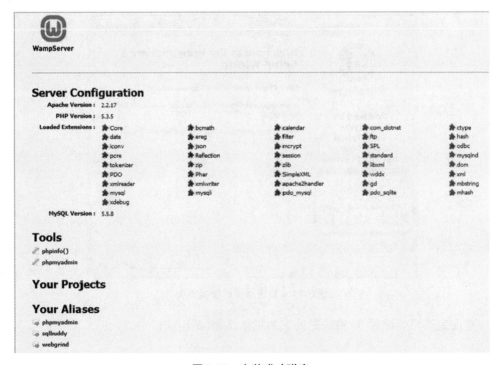

图8-13　安装成功弹窗

安装完之后屏幕右下角就会出来一个标记，右键单击，然后依次选择Language→Chinese，完成中文版转换（图8-14）。

图8-14 语言转换弹窗

可能会出现以下错误信息：

① 程序无法启动，因为您的计算机缺少 msvcr110.dll，尝试重新安装程序来解决这个问题；

② 启动 msvcr110.dll 发生错误，无法找到指定的模块；

③ 加载 msvcr110.dll 发生错误，无法找到指定的模块；

④ msvcr110.dll 的设计可能不适合在 Windows 上运行，或可能包含错误。

在绝大多数情况下，解决方案是在您的个人计算机上正确地重新安装 msvcr110.dll 到 Windows 系统文件夹：

① 下载地址：http://www.microsoft.com/zh-CN/download/details.aspx? id＝30679，不过注意：不要下载64位的，请下载32位的进行安装；

② 下载百度电脑专家，然后在里面搜索"msvcr110.dll"可以查询相关解决方案。

8.4.4.1 数据库平台的安装

创建数据库：右击链接名字（Localhost）或其他数据库的名字，选择创建数据库（图 8-15）。

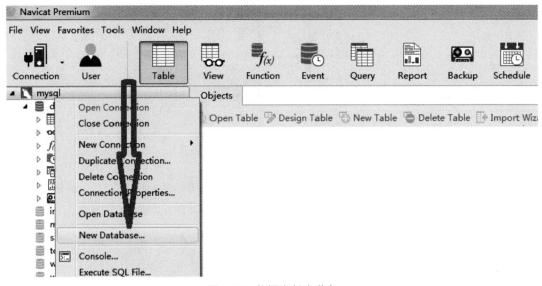

图8-15　数据库创建弹窗

在打开的对话框中输入数据库名、设置字符,点击"OK"(图8-16)。

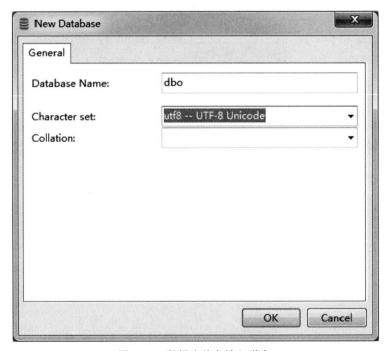

图8-16　数据库信息输入弹窗

左侧出现新建立的数据库(图8-17)。

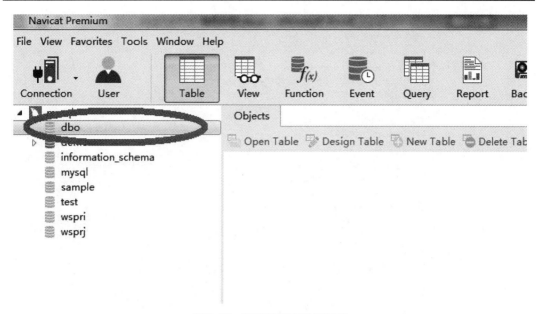

图 8-17　新建数据库显示界面

8.4.4.2　数据库的导入导出

导出数据库：打开 Navicat，在我们要导出的数据上面点击鼠标右键，然后在弹出的快捷菜单上点击"Dump SQL File..."，在再次弹出的子菜单项中选择第一个选项"Structure And data"。如图 8-18 所示。

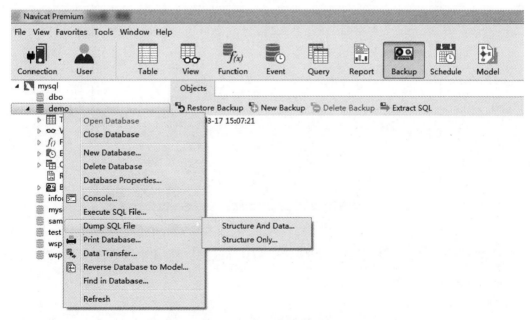

图 8-18　导出数据库界面

在弹出保存框内点击选择保存位置，点击"确定"（图 8-19）。

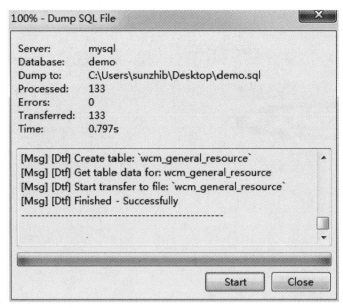

图8-19 保存位置弹窗

导入数据库：打开Navicat，点击右键选择新建数据库，输入目标数据库名称（图8-20）。

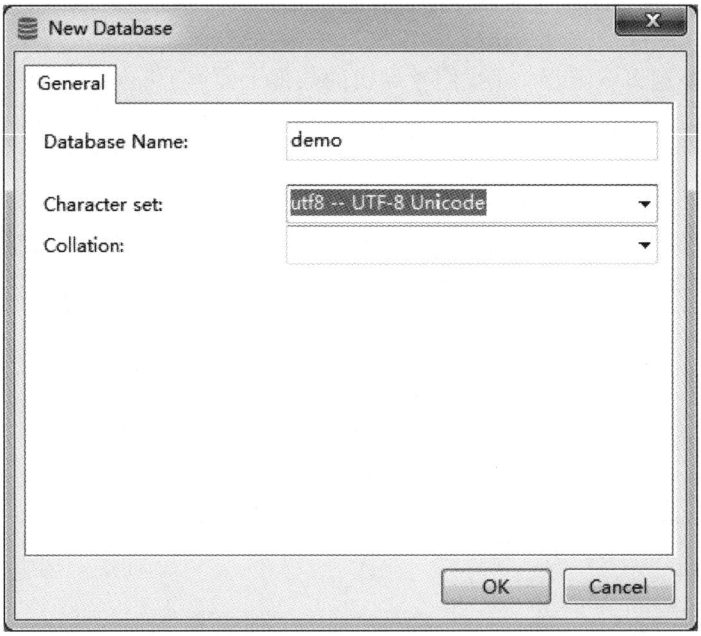

图8-20 导入数据库界面

建好数据库之后，右键点击选择"Execute SQL file…"，在弹出的对话框中点击"…"并选择文件所在路径（图8-21）。

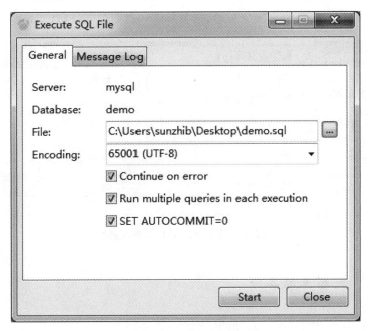

图8-21　路径选择界面

点击"Start",完成文件导入。

数据库的卸载:右击数据库卸载对象,在弹出的菜单中选择"Delete Database"即可(图8-22)。数据库删除后无法恢复。

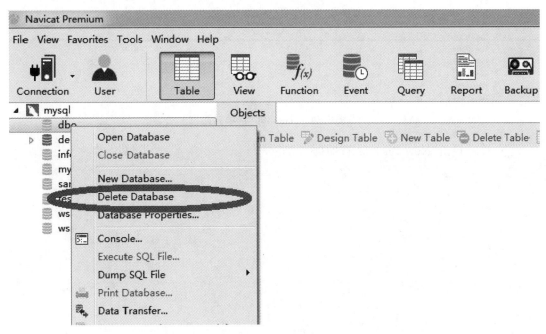

图8-22　数据库的卸载界面

数据库的备份及恢复：出于安全考虑，每个月做一次数据库备份(图8-23)。

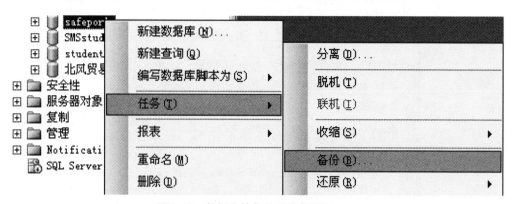

图8-23　数据库的备份及恢复界面

8.4.4.3 *数据库的备份*

双击打开数据库，找到"Backup"选项并点击(图8-24)。

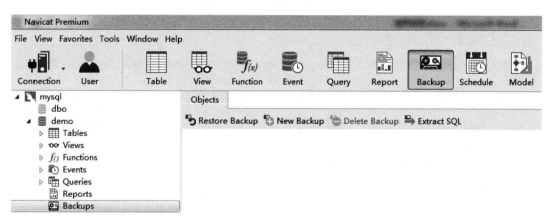

图8-24　"Backup"选项界面

下一步，点击"New Backup"按钮(图8-25)。

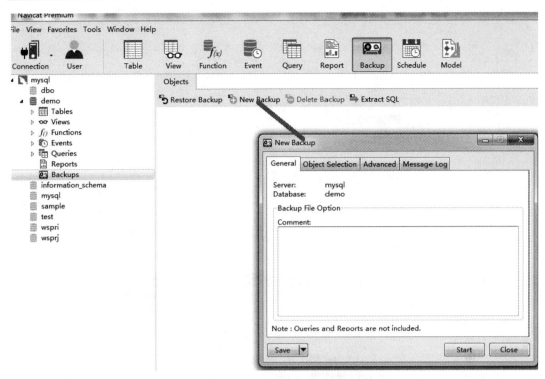

图8-25　"New Backup"弹窗

点击"Start"开始备份(图8-26)。

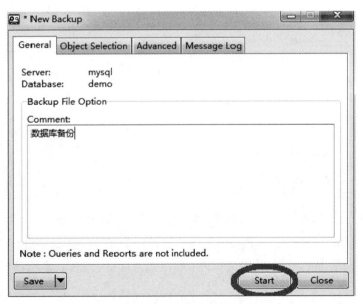

图8-26　开始备份弹窗

8.4.4.4　数据库的恢复

备份成功以后,如需还原数据库,点击"Restore Backup"按钮(图8-27)。

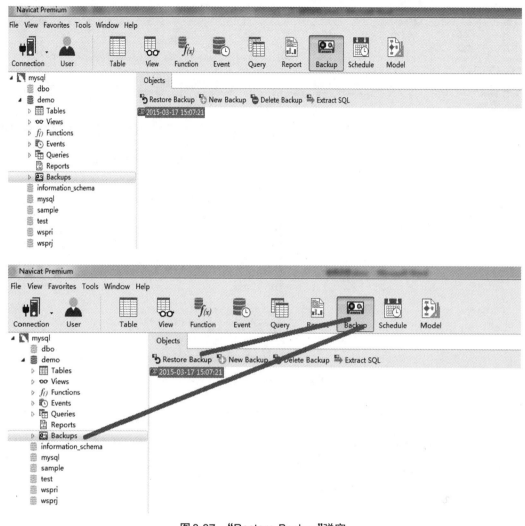

图 8-27 "Restore Backup"弹窗

8.4.4.5 Apache 服务器与 PHP

Apache 的配置：外网可访问设置，虽说 Wampserver 已经集成 Apache，但是有些细节仍需配置。左键单击 ▨▨，再点击"WWW 目录"，会打开安装 Wampserver 默认存放网页的文件夹。刚装完 Wampserver 之后，若尝试通过外网访问配置好的 Wampserver 服务器，则会提示权限不够，因为 Wampserver 默认是只许 IP 为 127.0.0.1 的访客及本机访问。请按如下步骤修改：

依次点击 ▨▨—Apache—httpd.conf，找到如图 8-28 所示的位置，在第 234 行左右位置，把"Deny from all"删掉，再把"Allow from 127.0.0.1"改成"Allow from all"即可（图8-28）。

图8-28 查找弹窗

之后,将如图8-28所示的两处位置(第190行和第225行)的"AllowOverride None"改成"AllowOverride All"(注:这一步操作是针对使用了URL重写功能的,如果没有用到的话这步建议不要做修改,因为改了这个之后Apache的安全性会略微有所下降)。

开启URL重写功能:按照上面的方法打开httpd.conf文件,找到"#LoadModule rewrite_module modules/mod_rewrite.so",然后把前面的"#"删掉,需要立即重启一下Apache服务使修改生效。

更改根目录:打开Wampserver的安装目录,在打开里面的"script"文件夹,用记事本打开config.inc.php,找到"$wwwDir = $c_installDir.'/www';",改成期望的目录。

例:D:\website,对应的代码就是"$wwwDir = 'D:/website'";(注:Windows下表示路径的"\"在这里必须改为"/")(图8-29)。关闭Wampserver,再次打开,WWW目录就变成设定的"D:\website"了(注:这里只修改Wampserver上的一个链接,如非必要,不建议更改)。

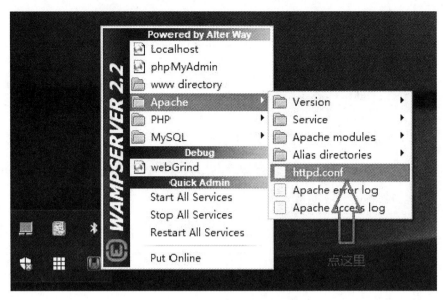

图8-29　"D:\website"修改界面

打开httpd.conf，找到"DocumentRoot"（第178行）并把后面的值改成实际网站需要的路径，再寻找"＜Directory "c:/wamp/www/"＞"，把后面的值改成网站存放的实际地址（图8-30）。

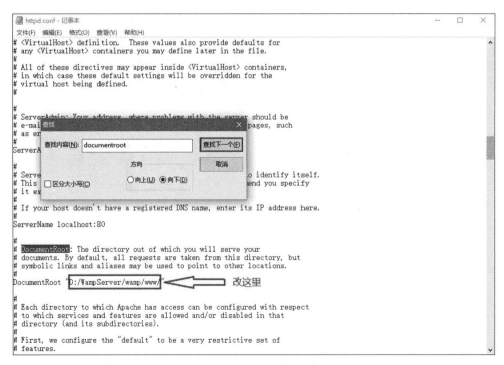

图8-30　"DocumentRoot"修改界面

配置PHP：依次点击　　　　—PHP—php.ini，找到如下位置：

short_open_tag ＝ off(是否允许使用 PHP 代码开始标志的缩写形式(＜？ ？ ＞)。);

memory_limit ＝ 128 M(最大使用内存的大小);

upload_max_filesize ＝ 2 M(上传附件的最大值),

需要将第一行的 off 改成 on,否则 php 程序无法运行。

小 结

农药可用于防治病虫害及调节植物生长,但是不科学的使用也会给农业可持续发展以及居民健康带来了许多负面影响。本章从农产品流通的角度,构建了食品类农产品溯源系统,通过 XML 数据管理各个子溯源系统的信息,提出了一种基于数据关联模型的产品深度溯源方法,形成了供用户查看的自扩展溯源平台。溯源系统允许在打印条码时自动录入固定信息,例如品种、产地、责任人、资质证明等。消费者能够通过查询产品包装上的溯源码获取产品的安全信息。消费者购买产品后,若发现问题,可通过短信方式查询到该产品的基本安全信息以及相关责任人。

此外,进行了农药残留环境污染数学建模,建立了基于云平台的农药残留土壤污染情况监控系统,通过 LBS 技术进行跟踪和记录地理位置信息,记录化学投入品使用的详细信息(包括土壤、品种、使用量、使用时间等)。根据已经公开的农药残留土壤污染模型,对多次累计地块常年累计农药使用量的风险进行推演,实现用户与监管部门的双向风险预警与风险交流,构建化学投入品使用量的大数据预警。

参 考 文 献

[1] 白红武,白云峰,胡肆农,等. RFID 电子射频耳标在种猪场的对比试验[J]. 江苏农业学报,2010,26(2):446-448.

[2] 赵晓庚,戴啸涛. 苏南率先实现农业现代化拉动物联网技术需求的实证研究[J]. 江苏农业科学,2012,40(3):386-388.

[3] 查贵庭,胡以涛,陆天珺. 物联网技术在农业专家工作站中的应用[J]. 江苏农业科学,2012,40(3):351-353.

[4] 张应福. 物联网技术与应用[J]. 通信与信息技术,2010(1):50-53.

[5] SMITH G C,TATUM J D,BELK K E,et al. Traceability from a US perspective[J]. Meat Science,2005,71:174-193.

[6] SIMON T,THIBAUD M,NATHALIE S. Deliveries optimization by exploiting production traceability information[J]. Engineering Applications of Artificial Intelligence,2009(2):1-12.

[7] MASSIMO B,MAURIZIO B,ROBERTO M. FMECA approach to product traceability in the food industry

[J]. Food Control,2006,17: 137-145.

[8] HOBBS J E. Information asymmetry and the role of traceability systems[J]. Agribusiness,2004,20: 397-415.

[9] SCHWAGELE F. Traceability from a European perspective[J]. Meat Science,2005,71: 164-173.

[10] HARUN B,JOHN D L. Meat slaughter and processing plants traceability levels evidence from Iowa. NCR-134 conference on applied commodity price analysis[J]. Forecasting and Market Risk Management,2007(4): 16-17.

[11] ABADA E,PALACIOB F,NUINC M,et al. RFID smart tag for traceability and cold chain monitoring of foods: demonstration in an intercontinental fresh fish logistic chain[J]. Journal of Food Engineering,2009 ,93: 394-399.

[12] 徐飞鹏. 本市食品安全追溯系统建设工作正式启动[EB /OL]. （2007-03-19）[2012-10-21]. http: // www. beijing. gov. cn /szbjxxt/rdgz /t745122.htm.

[13] 李永生. 农垦试行无公害农产品质量追溯系统[EB/OL]. (2010-03-01) [2012-10-21]. http: //www. safetyfood.gov.cn /index.php.

[14] 杨信廷,孙传恒,钱建平,等. 基于UCC /EAN-128 条码的农产品质量追溯标签的设计与实现[J]. 包装工程,2006,27(3): 113-114.

[15] 李春华,刘世洪,郭波莉,等.FMECA 在食品安全追溯中的应用现状分析[J]. 中国食物与营养,2008 (6): 7-10.

[16] 谢菊芳,陆昌华,李保明,等. 基于.NET 构架的安全猪肉全程可追溯系统实现[J]. 农业工程学报,2006,22(6): 218-220.

[17] 姚芳,刘靖,展跃平,等.熟肉制品质量安全可追溯系统的构建与实现[J]. 江苏农业学报,2012,28 (3): 667-672.

第9章 双向分层追溯平台软件需求

9.1 概 述

为确保食品安全,完善食品追溯体系,本章从系统分析的角度出发,以RFID、二维码、条码为基础,构建了采购管理、仓库管理、种植生产、加工处理、物流运输、销售管理、检测管理、溯源追踪等功能模块,提高了食品生产经营的各个环节的效率。

系统通过给物体定义唯一身份标识,将物体身份标识与追溯信息绑定,通过物体身份标识即能找出对应的追溯信息。物体身份标识载体有二维码、条码、RFID射频识别电子标签。身份标识的应用能够满足食品追溯过程中识别率高、识别距离远、穿透识别、批量识别、高识别准确度等方面的需求,方便操作。

9.2 业 务 流 程

食品生产经营流通主要包括以下4个环节(图9-1):

图9-1 食品生产经营环节

如果发现食品质量安全问题,还需要在销售后召回产品。在食品流通的环节中,不同的环节的工作可能由不同的企业分工合作完成,也可能由同一企业实行产销一条龙服务完成所有工作。系统设定由不同的企业完成的环节使用不同的追溯码标记和不同的追溯信息载体,由同一企业完成的多个环节的工作可使用相同的追溯码标记。

种植生产一般由农场或农业合作社组织人员完成。种植生产流程如图9-2所示。

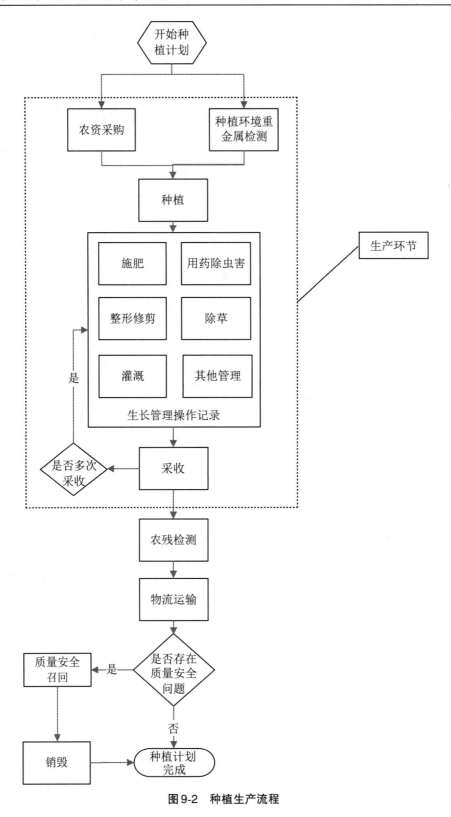

图9-2　种植生产流程

食品加工处理通常由食品加工企业把初级农产品进行一系列的商品化工艺处理后包装

成可出售的商品,然后存放进仓库,销售时再从仓库中提货运输到商超。由于加工处理,入仓保存、销售和物流运输都由食品加企业完成,所以这几个环节可使用同一追溯码。食品加工处理企业的生产流程如图9-3所示。

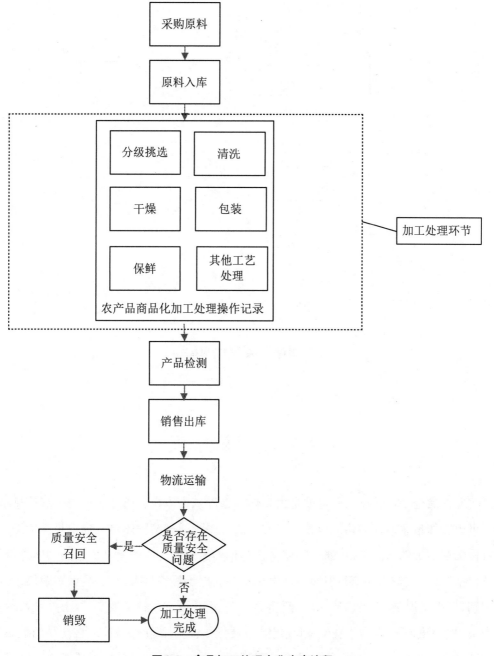

图9-3　食品加工处理企业生产流程

食品销售一般为卖场直接零售给顾客,卖场的销售一般流程如图9-4所示。

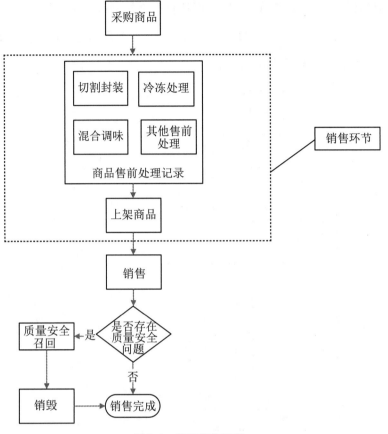

图9-4 卖场销售流程

9.3 追 溯 方 案

实现食品全产业链双向可追溯是由物体可追溯该物体在流通过程中的所有信息组成，并且可由物体信息追踪物体的位置及过程信息。系统通过给物体定义唯一身份标识，将物体身份标识与追溯信息绑定，通过物体身份标识即能找出对应的追溯信息。物体身份标识载体包括二维码、条码、RFID射频识别电子标签。电子标签具有识别快、识别距离远、可穿透识别、可批量识别、不易出错、操作便捷等优点，系统设定在种植生产、加工处理及运输过程中采用电子标签作为物体身份标识载体，方便操作，以提高生产效率。在产品的最小包装上印刷产品二维码和条码，方便消费者扫码溯源。系统需要把身份标识转换成二维码或条码，然后把身份标识二维码或条码印刷于物体包装上，或把身份标识写入RFID射频识别电子标签，并将RFID射频识别电子标签与物体实物捆绑，电子标签随物体一起转移。追溯实施方案如图9-5所示。

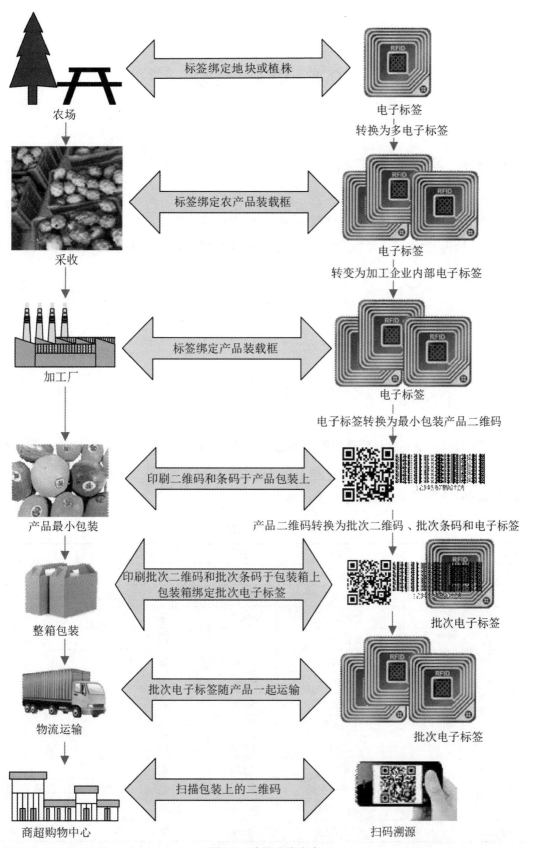

农场
标签绑定地块或植株
电子标签
转换为多电子标签

采收
标签绑定农产品装载框
电子标签
转变为加工企业内部电子标签

加工厂
标签绑定产品装载框
电子标签
电子标签转换为最小包装产品二维码

产品最小包装
印刷二维码和条码于产品包装上
产品二维码转换为批次二维码、批次条码和电子标签

整箱包装
印刷批次二维码和批次条码于包装箱上
包装箱绑定批次电子标签
批次电子标签

物流运输
批次电子标签随产品一起运输
批次电子标签

商超购物中心
扫描包装上的二维码
扫码溯源

图9-5 追溯实施方案

9.4 功 能 模 块

9.4.1 平台功能架构

平台系统功能包括基本信息管理、采购管理、种植生产管理、食品加工处理、检测管理、仓库管理、销售、物流运输及售后的全产业链事件管理以及对产品、原料的溯源追踪和对系统使用权限的控制管理(图9-6)。

9.4.2 基本信息管理

9.4.2.1 企业信息

功能描述:企业是食品流通中的追溯信息因子"所属",是追溯所需的基本信息,包括种植生产企业、加工处理企业、物流运输企业及销售企业。企业仅能查询本单位信息,仅能修改本单位的数据。企业相关信息数据项如表9-1所示。

表9-1 企业信息数据项

序号	追溯因子	数据项	类型	是否必录项	说明
1	人物	法人代表/负责人	String	是	
2	时间	企业成立日期	Date Time	是	格式:yyyy-mm-dd
3	地点	地址	String	是	
4	事件	经营范围	String	是	
5		联系方式	String	是	
6		电邮	String	否	
7		网址	String	否	
8	物体	员工人数	Int	否	
9		面积	Float	否	
10		认证情况	String	否	
11		企业主营业务	String	是	种植、加工、运输、销售
12	所属	工商注册号	String	是	
13		企业名称	String	是	

操作角色:企业工作人员。

输入:企业相关数据信息。

输出:已保存于系统中的企业信息。

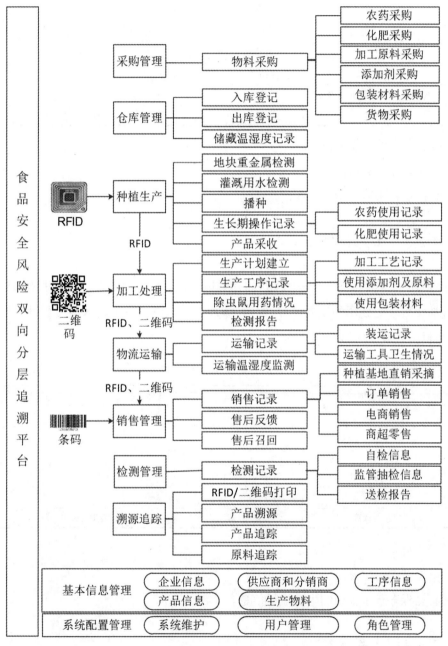

图9-6 平台系统功能

9.4.2.2 供应商和分销商

功能描述:管理原料供应商和产品分销商,可新增、修改和设置状态。企业相关信息数据项如表9-2所示。

表9-2 供应商和分销商数据项

序号	数据项	类型	是否必录项	说明
1	编号	String	是	
2	供应商/分销商名称	String	是	
3	地址	String	是	
4	联系方式	String	是	
5	供应商/分销商所属企业	String	是	
6	使用状态	String	是	Y 在用,N 失效

操作角色:企业工作人员。

输入:企业相关数据信息。

输出:已保存于系统中的企业信息。

9.4.2.3 生产物料

功能描述:管理本企业生产所使用到的原材料信息,包括种植生产时使用的农药、化肥、保护袋;加工处理时使用的主要成分、配料、添加剂、包装材料;可新增、修改、设置原料可用状态。原料信息数据项如表9-3所示。

表9-3 生产物料数据项

序号	数据项	类型	是否必录项	说明
1	原料编号	String	是	
2	原料类型	String	是	农药、有机肥、肥料、主料、添加剂、包装材料
3	原料名称	String	是	
4	所属企业	String	是	
5	使用状态	String	是	Y 在用,N 失效

操作角色:企业工作人员。

输入:生产原料信息。

输出:已保存于系统中的生产原料信息。

9.4.2.4 产品信息

功能描述:管理本企业生产的所有产品信息,包括种植生产的农产品、加工处理后的商品化产品、待售的商品,可新增、修改、设置产品状态。产品信息数据项如表9-4所示。

表9-4　产品信息数据项

序号	数据项	类型	是否必录项	说明
1	产品编号	String	是	
2	产品名称	String	是	
3	产品图片	Blob	否	
4	所属企业	String	是	
5	使用状态	String	是	Y 在用,N 失效

操作角色:企业工作人员。

输入:产品信息。

输出:已保存于系统中的产品信息。

9.4.2.5　工序信息

功能描述:配置生产种植或加工处理时所采用的生产工序信息供记录生产步骤时选择,企业只使用本企业设置的工序。工序数据项如表9-5所示。

表9-5　工序信息数据项

序号	数据项	类型	是否必录项	说明
1	工序编号	String	是	
2	工序名称	String	是	
3	操作方法	String	是	
4	工序作用描述	String	是	
5	是否关键控制点	String	是	
6	所属企业编号	String	否	
7	有效状态	Float	是	

操作角色:企业系统管理人员。

输入:工序信息。

输出:保存后的工序信息。

9.4.3　采购管理

9.4.3.1　物料采购

功能描述:录入企业经营过程中采购的物料信息、种植基地的肥料和农药信息、食品加工处理企业所用的主料/辅料及包装材料信息,以及商超所采购的商品的信息。数据项如表9-6所示。

表9-6　物料采购数据项

序号	追溯因子	数据项	类型	是否必录项	说明
1	人物	采购负责人	String	是	
2		验货人	String	是	
3	时间	采购日期	Date Time	是	格式:yyyy-mm-dd
4	地点	存放仓库	String	是	
5		存放仓位	String	是	
6	事件				
7	物体	物料名称	String	是	
8		商品条码/追溯码	String	否	
9		有效保质期	Date Time		
10		采购数量	Float	是	
11		采购计量单位	String	是	
12		供应商	String	否	
13		供应商联系方式	String	否	
14		供应商地址	String	否	
15		生产日期	Date Time	是	
16		生产批号	String	是	
17		生产商	String	是	
18		生产商联系方式	String	是	
19		生间商地址	String	是	
20	所属	采购企业	String	是	

操作角色:食品加工处理企业工作人员。

输入:原料采购信息。

输出:保存后的原料信息。

9.4.4　种植生产管理

模块概述:本模块实现现实种植基地操作流程中所有涉及追溯信息因子中人员、地点、物品和所属信息管理,包括数据录入和修改。其中机构为追溯信息中的所属,即种植基地;地点所涉及的追溯因子为种植所用的地块或贮藏仓库;物品涉及追溯因子中种植过程所有使用到的物品,包括种植的种子和使用的肥料、药剂、水及劳作生产工具等。

9.4.4.1　田地信息

功能描述:管理种植基地的田地信息,把基地所有田地细分为地块,给地块编号,方便管理,可新增、修改田地信息。田地信息数据项如表9-7所示。

表9-7　田地信息数据项

序号	数据项	类型	是否必录项	说明
1	田地编号	String	是	
2	田地类型	String	是	常规地、大棚
3	田地位置描述	String	是	
4	面积	Float	否	
5	基地名称	String	是	

操作角色:种植基地工作人员。

输入:基地相关数据信息。

输出:已保存于系统中的基地信息。

9.4.4.2　田地重金属检测信息

功能描述:地块重金属污染是影响食品质量安全的关键因素之一,种植前对地块土壤进行检测,防止污染农产品。地块检测信息数据项如表9-8所示。

表9-8　田地重金属检测信息数据项

序号	追溯因子	数据项	类型	是否必录项	说明
1	人物	检测人	String	是	
2	时间	检测日期	Date Time	是	
3	地点	田地编号	String	是	
4	物体				
5	事件	检测结果	String	否	
6		检测报告	Blob	否	
7	所属	所属基地	String	是	

操作角色:种植基地工作人员。

输入:种植地块重金属检测相关数据信息。

输出:保存后的地块重金属检测数据信息。

9.4.4.3　灌溉用水检测信息

功能描述:水中含的重金属污染是影响食品质量安全的关键因素之一,种植前对灌溉用水的水质进行检测,防止污染农产品。使用的水检测信息数据项如表9-9所示。

表9-9　灌溉用水检测信息数据项

序号	追溯因子	数据项	类型	是否必录项	说明
1	人物	检测人	String	是	
2	时间	检测日期	Date Time	是	
3	地点	水源取样地点	String	是	

序号	追溯因子	数据项	类型	是否必录项	说明
4	物体				
5	事件	检测结果	String	否	
6		检测报告	Blob	否	
7	所属	所属基地	String	是	

操作角色:种植基地工作人员。

输入:灌溉用水检测相关数据信息。

输出:保存后的灌溉用水检测数据信息。

9.4.4.4　新种植登记信息

功能描述:录入播种信息,系统自动生成种植编号。数据项如表9-10所示。

表9-10　新种植登记信息数据项

序号	追溯因子	数据项	类型	是否必录项	说明
1	人物	作业人员	String	是	
2	时间	播种时间	Date Time	是	
3	地点	田地	String	是	可选多块田地
4	事件	种植编号	String	是	
5	物体	产品名称	String	是	
6		使用原料	Float	否	农场种植使用
7	所属	所属种植基地	String	是	

操作角色:种植基地工作人员。

输入:种植信息。

输出:保存后的种植信息。

9.4.4.5　生长期操作记录

功能描述:录入种植生产过程中使用的农药信息。数据项如表9-11所示。

表9-11　生长期操作记录数据项

序号	追溯因子	数据项	类型	是否必录项	说明
1	人物	操作人	String	是	
2	时间	操作日期	Date Time	是	
3	地点	种植编号	String	否	可选多个种植项目
4		地块编号	String	否	
5	事件	工序	String	是	可选择

序号	追溯因子	数据项	类型	是否必录项	说明
6		投入物品	String	是	可选多种投入物品
7		投入物品数量	Float	是	
8		投入物品数量单位	String	是	
9	物体	投入物品生产企业	String	否	选择供应商
10		投入物品生产日期	Int	否	天数
11		投入物品条形码/追溯码	String	否	
12	所属	所属基地	String	是	

操作角色:基地工作人员。

输入:操作工序信息。

输出:保存后的操作工序信息。

9.4.4.6　产品采收登记

功能描述:录入农作物采收信息等。数据项如表9-12所示。

表9-12　产品采收登记数据项

序号	追溯因子	数据项	类型	是否必录项	说明
1	人物	操作人员	String	是	
2	时间	采收日期	Date Time	是	
3	地点	田地信息	String	是	可选多块田地
4		种植编号	String	是	
5	物体	产品名称	String	是	选择产品名称
6		采收数量	Int	是	
7	事件	数量单位	String	是	
8		批次号	String	是	
9	所属	所属基地	String	是	

操作角色:种植基地人员。

输入:采收产品信息。

输出:保存后的产品采收信息。

9.4.4.7　产品检测

功能描述:种植出来的农产品需要进行农药残留检测,自检或送到第三方检测机构检测,监管机构需对农产品进行随机抽检,需把所有这些检测分析结果纳入系统管理,可上传检测报告的照片、扫描的pdf文档等。数据项如表9-13所示。

表9-13　产品检测数据项

序号	追溯因子	数据项	类型	是否必录项	说明
1	人物	检测人	String	是	
2	时间	检测日期	Date Time	是	
3	地点	检测机构名称	String	是	
4	物体	种植编号	String	是	
5		产品名称	String	是	
6		检测结果	String	是	
7	事件	检测报告	Blob	是	
8		检测方式	String	是	监管抽检/自检/第三方检测
9	所属	所属基地	String	是	

操作角色:种植基地工作人员。

输入:采收农产品检测结果信息。

输出:保存后的农产品检测结果信息。

9.4.5　加工处理管理

模块概述:本模块实现从建立生产计划、开始投产、记录生产工艺步骤及成品包装到最后产品存放入仓库,记录生产流程所有事件,包括生产过程中的影响食品质量安全的异常事件。

9.4.5.1　新建生产计划

功能描述:录入准备开始生产的计划,生成该计划生产产品的批次号及追溯码。数据项如表9-14所示。

表9-14　新建生产计划数据项

序号	追溯因子	数据项	类型	是否必录项	说明
1	人物	计划责任人	String	是	
2	时间	开始生产日期	Date Time	是	
3	地点	生产场所	String	是	
4	事件	生产产品名称	String	是	
5		生产计划编号	String	是	
6	物体	计划完成时间	Date Time	是	
7		使用原材料	String	是	
8		使用原材料数量	Float	是	

续表

序号	追溯因子	数据项	类型	是否必录项	说明
9		使用原材料数量单位	String	是	
10		批次号	String	是	
11		产品批次追溯码	String	是	
12	所属	所属企业	String	是	

操作角色:食品加工企业工作人员。

输入:生产计划信息。

输出:保存后的生产计划信息。

9.4.5.2　加工工艺记录

功能描述:录入生产过程中所有经过的工艺的详细信息,包括参与该工艺所有人员、使用的原材料,其中,原材料可从仓库中库存的原料中选择。数据项如表9-15所示。

表9-15　加工工艺记录数据项

序号	追溯因子	数据项	类型	是否必录项	说明
1	人物	参与人员	String	是	
2	时间	操作日期	Date Time	是	
3	地点	生产场所	String	否	
4	事件	工艺名称	String	是	可选择
5		生产计划编号	String	否	
6	物体	使用原材料	String	否	
7		使用原材料数量	Float	否	
8		使用原材料数量单位	Float	否	
9	所属	生产企业	String	是	

操作角色:食品加工处理企业工作人员。

输入:生产工序信息。

输出:保存后的生产工序信息。

9.4.5.3　灭鼠消毒记录

功能描述:录入对生产环境进行灭鼠和消毒的记录。数据项如表9-16所示。

表9-16　灭鼠消毒记录数据项

序号	追溯因子	数据项	类型	是否必录项	说明
1	人物	操作人员	String	是	
2	时间	操作日期	Date Time	是	格式:yyyy-mm-dd

序号	追溯因子	数据项	类型	是否必录项	说明
3	地点	操作场所	String	否	
4	物体	使用原料	String	是	
5	事件	操作方法描述	String	是	
6	所属	生产企业	String	否	

操作角色:食品加工处理企业工作人员。

输入:灭鼠消毒数据信息。

输出:保存后的灭鼠消毒数据。

9.4.5.4 产品检测

功能描述:食品加工企业生产的食品需进行霉菌毒素、食品添加剂等分析,这些检测分析步骤是食品产业链不可缺少的一部分,需把检测分析结果纳入系统管理。对生产过程中半成品、生产完成的成品的检测分析结果都必须要录入系统,可上传检测报告的照片、扫描的pdf文档等。数据项如表9-17所示。

表9-17 产品检测数据项

序号	追溯因子	数据项	类型	是否必录项	说明
1	人物	检测人	String	是	
2	时间	检测日期	Date Time	是	
3	地点	检测机构名称	String	是	
4		生产计划编号	String	是	
5	物体	产品名称	String	是	
6		批次号	String	是	
7		检测结果	String	否	
8	事件	检测报告	Blob	否	
9		检测方式	String	是	监管抽检/自检/委托第三方检测
10	所属	产品所属企业	String	是	

操作角色:食品加工处理企业人员。

输入:产品的检测信息。

输出:保存后的产品检测信息。

9.4.6 出入库管理

模块概述:本模块实现食品加工企业产品入库登记、销售出库登记。

9.4.6.1　入库登记

功能描述:录入生产半成品和成品的入库存放信息,必须选择生产计划中对应批次号的产品。数据项如表9-18所示。

表9-18　入库登记数据项

序号	追溯因子	数据项	类型	是否必录项	说明
1	人物	仓管人员	String	是	
2	时间	入库时间	Date Time	是	
3	地点	存放仓库	String	是	
4		存放仓位	String	是	
5	物体	生产计划编号	String	是	
6		批次号	String	是	
7		批次RFID标签	String	是	
8		产品名称	String	是	
9	事件	入库数量	String	是	
10		入库计量单位	String	是	
11	所属	所属企业	String	是	

操作角色:食品加工企业仓库管理人员。

输入:产品入库信息。

输出:保存后的入库产品信息。

9.4.6.2　出库登记

功能描述:录入出库产品的详细信息,必须选择有对应批次号的产品,选择对应的销售单。数据项如表9-19所示。

表9-19　出库登记数据项

序号	追溯因子	数据项	类型	是否必录项	说明
1	人物	操作人员	String	是	
2	时间	出库时间	Date Time	是	
3	地点	仓库	String	是	
4		仓位	String	是	
5	物体	批次号	String	是	
6		产品名称	String	是	
7		批次RFID标签	String	否	
8	事件	出库数量	String	是	
9		出库计量单位	String	是	

序号	追溯因子	数据项	类型	是否必录项	说明
10		出库类型	String	是	可选销售,其他
11	事件	出库原因	String	否	出库类型为其他时必须录入
12		销售单号	String	否	销售出库必须录入销售单号
13	所属	所属企业	String	是	

操作角色:食品加工企业仓库管理人员。

输入:产品出库信息。

输出:保存后的产品出库信息。

9.4.6.3 储藏温湿度监测

功能描述:录入监控检测到的仓库温湿度数据,可以是实时检测数据,或是时间段内监测的平均数据。数据项如表9-20所示。

表9-20 储藏温湿度监测数据项

序号	追溯因子	数据项	类型	是否必录项	说明
1	人物	监测负责人	String	是	
2	时间	监测开始时间	Date Time	是	
3		监测结束时间	Date Time	否	实时监测的只有开始时间
4	地点	仓库名称	String	是	
5		贮藏产品名称	String	是	
6	物体	贮藏产品批次号	String	是	
7		采集项目名称	String	是	可同时监测多项目
8		温度	Float	是	
9	事件	湿度	String	是	
10		结论	String	是	合格/不合格
11	所属	企业名称	String	是	

操作角色:企业仓管人员。

输入:仓库温湿度监测数据。

输出:保存后的温湿度监测数据。

9.4.7 物流运输

该模块实现对产品的物流运输所涉及的追溯因子进行管理。

9.4.7.1 物流运输记录

功能描述:生产的产品要送到商超购物中心需经过多种交通工具的转运,需对产品运输的装运信息进行记录,每次不同车辆间转运,不同交通工具间转运都需要记录转运数据,实际中可一次运输多种产品。运输记录数据项如表9-21所示。

表9-21 物流运输记录数据项

序号	追溯因子	数据项	类型	是否必录项	说明
1	人物	装运负责人	String	是	
2	时间	启运日期	Date Time	是	
3		到达日期	Date Time	是	
4	地点	启运地	String	是	
5		目的地	String	是	
6	物体	产品名称	String	是	可选多种产品
7		批次号	String	是	
8		运输编号	String	是	自动生成
9		销售订单号	String	是	
10		数量	Float	是	
11	事件	计量单位	String	是	
12		运输工具类型	String	是	汽车/火车/轮船/飞机/其他
13		运输工具号牌	String	是	
14		运输工具卫生状况	String	是	合格、不合格
15	所属	承运企业	String	是	

操作角色:运输企业人员。

输入:产品运输的信息。

输出:保存后的产品运输信息。

9.4.7.2 运输温湿度监测

功能描述:录入运输过程中需监控检测的数据,例如温度、湿度等,可以是实时检测数据,或是时间段内监测的平均数据。数据项如表9-22所示。

表9-22 运输温湿度监测数据项

序号	追溯因子	数据项	类型	是否必录项	说明
1	人物	监测负责人	String	是	
2	时间	监测开始时间	Date Time	是	
3		监测结束时间	Date Time	否	实时监测的只有开始时间

序号	追溯因子	数据项	类型	是否必录项	说明
4	地点	监测时运输工具位置	String	是	
5	物体	运输编号	String	是	
6		温度	Float	是	
7	事件	湿度	String	是	
8		监测结论	String	是	合格/不合格
9	所属	承运企业	String	是	

操作角色:运输企业人员。

输入:运输途中的温湿度数据。

输出:保存后的温湿度数据。

9.4.8　销售模块

模块概述:本模块实现对商品销售基本信息管理、售后反馈及售后退货的记录。

9.4.8.1　商品条码打印

功能描述:对于非出厂封装商品,商场或超市在零售时通常会进行捆扎包装,然后打印条码价格标签贴于包装上,打印条码需录入数据项如表9-23所示。

表9-23　商品条码打印数据项

序号	追溯因子	数据项	类型	是否必录项	说明
1	人物	操作人	String	是	
2	时间	打印日期	Date Time	是	
3	地点	打印地点	String	是	
4	事件	商品条码	String	是	系统生成
5		产品名称	String	是	
6		原产品追溯码	String	是	
7	物体	单价	Float	是	
8		重量	Float	是	
9	所属	所属商超	String	是	

操作角色:商场或超市工作人员。

输入:商品信息。

输出:商品条码。

9.4.8.2　销售记录

功能描述:记录零售出的商品信息,需记录数据项如表9-24所示。

表9-24　销售记录数据项

序号	追溯因子	数据项	类型	是否必录项	说明
1	人物	销售人员	String	是	
2	时间	销售日期	Date Time	是	
3	地点	销售场所	String	是	
4	物体	产品名称	String	是	从库存产品中选择,可选多种产品
5		产品批次号	String	否	
6		二维码	String	否	
7	事件	销售模式	String	是	直销、批发、电商、零售
8		销售数量	Float	是	
9		销售计量单位	String	是	
10		销售订单号	String	是	系统生成
11		客户名称	String	是	
12		地址	String	是	
13		电话	String	是	
14		联系人	String	是	
15	所属	所属企业	String	是	

操作角色:销售企业工作人员。

输入:销售的商品信息。

输出:保存后的销售记录

9.4.8.3　售后反馈

功能描述:录入顾客对商品的反馈信息。数据项如表9-25所示。

表9-25　售后反馈数据项

序号	追溯因子	数据项	类型	是否必录项	说明
1	人物	经办人	String	是	
2		顾客名称	String	否	
3	时间	反馈日期	Date Time	是	
4	地点	顾客地址	String	是	
5	物体	批次号	String	是	
6		产品名称	String	是	

序号	追溯因子	数据项	类型	是否必录项	说明
7	物体	产品追溯码	String	是	
8		销售订单号	String	是	
9	事件	反馈问题	String	否	
10		顾客电话	String	否	
11	所属	经办企业	String	是	

操作角色:生产企业工作人员。

输入:产品反馈信息。

输出:保存后的产品反馈信息。

9.4.8.4 售后召回

功能描述:当售出的食品发现存在质量安全问题时,需对涉及质量问题的已售出产品进行召回处置。首先录入售后召回产品的相关数据,录入后系统需自动核销销售订单,召回的产品可进入仓库或作其他特殊的处理,如销毁。售后召回需录入的数据项如表9-26所示。

表9-26 售后召回数据项

序号	追溯因子	数据项	类型	是否必录项	说明
1	人物	经办人	String	是	
2	时间	召回日期	Date Time	是	
3	地点	召回地点	String	是	
4		批次号	String	是	
5	物体	产品名称	String	是	
6		产品追溯码	String	是	
7		销售订单号	String	是	
8		召回原因	String	否	
9	事件	召回数量	Float	是	
10		召回计量单位	String	是	
11		召回处理方式	String	是	入库、其他
12	所属	召回企业	String	是	

操作角色:销售企业工作人员。

输入:召回产品的信息。

输出:保存后的召回产品信息。

9.4.9　溯源追踪

模块概述:本模块打印用于溯源的二维码及RFID标签,实现垂直双向追溯以及同时水平横向追溯和多层次追溯。垂直双向追溯可以由产品溯源码追溯产品制造全过程,包括生产中使用的设备、涉及的检测报告、生产场所、运输过程以及原料供应商,为顾客提供足够的产品附加信息,赢得顾客信任,增加产品销售竞争力;可以由产品溯源码追溯产品目前所在地点,销售给哪些顾客。水平横向追溯可实现由原料到所有使用该原料产品的追踪,实现同批次产品追踪,以便产品出现质量安全问题时,能迅速地锁定牵涉到的所有产品,以便采取进一步的措施。

9.4.9.1　RFID/二维码标签打印

功能描述:RFID电子标签具有追溯管理方便、简单、快捷的特点,适用于大批量的产品转移。把种植生产及加工处理的批次号转换为RFID数据,并写入RFID,标签跟随农产品、商品一起流转。系统需对最小售卖个体生成二维码以作为溯源码,可直接印在包装上或打印出来贴在产品包装上。包装上的条码或二维码为该产品的"身份证",最终消费者都可通过扫码识别查询追溯产品的生产过程及生产原料等与产品相关的事物。该功能所需数据项如表9-27所示。

表9-27　RFID/二维码标签打印数据项

序号	追溯因子	数据项	类型	是否必录项	说明
1	人物	操作人员	String	是	
2	时间	打印时间	Date Time	是	
3	地点	打印场所	String	否	
4	事件				
5	物体	种植编号/生产计划编号	String	是	
6		批次号	String	是	
7		产品名称	String	是	
8		生产日期	Date Time	是	
9		保质期	Date Time	是	
10		RFID/二维码数据	String	是	
11	所属	所属企业	String	是	

操作角色:种植基地,加工处理企业及商超工作人员。

输入:产品相关信息。

输出:二维码、RFID标签。

9.4.9.2 产品溯源

功能描述:该功能实现产品的溯源,追溯产品的原料供应、生产流程、产品检测以及产品运输一系列过程。录入追溯码,点击查询显示产品追溯码、产品名称、产品型号、产品批次号、生产厂商、生产日期等产品的概要信息。根据实际需要,可以进一步查询产品相关的其他信息,查询生产流程显示每一生产步骤的开始时间、参与人员、生产场所、生产操作描述,查询原材料显示原料供应商、生产日期、检测报告等。

9.4.9.3 产品追踪

功能描述:该功能的实现可通过追溯码或批次号查询产品目前的状态,包括产品存放仓库、产品所处的流通环节、分销商的信息、已销售数量和库存数量。

9.4.9.4 原料追踪

功能描述:该功能的实现可通过原料查询使用该原料生产的产品目前的状态,包括产品存放仓库、产品所处的流通环节、分销商的信息、已销售数量和库存数量、剩余原料的状态、所在仓库及库存数量。

9.4.10 执法监管

该模块提供执法人员监管所需功能。执法人员可以查询农资原料等采购使用情况、实时查看生产流程记录及产品检测报告、查询产品销售情况。

9.4.10.1 产品抽检

抽查检测工厂生产的产品各项指标是否合格。抽检需录入如下数据项(表9-28)。

表9-28 产品抽检数据项

序号	追溯因子	数据项	类型	是否必录项	说明
1		抽样工作人员	String	是	
2	人物	检测人	String	是	
3		审核人	String	是	
4		抽样日期	Date Time	是	
5	时间	检测日期	Date Time	是	
6		审核日期	Date Time	是	
7	地点	抽样地点	String	是	

序号	追溯因子	数据项	类型	是否必录项	说明
8		检测机构名称	String	是	
9		产品名称	String	是	
10	物体	型号	String	否	
11		批次号	String	是	
12		样品数量	Int	是	
13		检测编号	String	是	
14		检测项目	String	是	
15		检测项目单位	String	是	
16		检测方法	String	否	
17		检测仪器	String	否	
18	事件	检测值	Float	是	
19		检测依据	String	是	
20		检测结果	String	否	
21		检测报告图片	Blob	否	
22		检测方式	String	是	自检/委托第三方检测
23	所属	产品所属企业	String	是	

9.4.10.2 农场种植数据查询

该功能查询统计指定时间段内农场采购的各类生产原料数量、已使用数量、剩余数量、作物种植数量、施肥次数、喷洒农药次数、灌溉次数、化肥使用量、农药使用量、平均每亩化肥使用量、农药使用量以及亩产。

9.4.10.3 食品加工数据统计

该功能查询统计指定时间段食品加工企业原料采购数量、已使用数量、剩余数量、生产批次、生产出产品数量、已售数量、库存数量等。

9.4.10.4 实时监控生产过程

该功能实时远程监控企业生产过程,查看实时生产影像,查询关键控制点监控各项数据、检测报告等。

9.4.10.5 查询产品生产销售及库存

该功能提供查询指定企业指定时间段内产品生产批次和数量、使用原料数量及产品销售数量、库存数量。

9.4.11 统计查询

该模块可以统计农场种植使用化肥种类/总量、使用农药种类/总量、农产品总量、化肥平均使用量、农药使用量、亩产;可以统计指定时间段内食品加工企业采购各种原料数量、已使用原料数量和剩余数量、生产产品的批次、产品数量、已售数量、库存数量、产品追溯查询次数等。

9.4.11.1 系统使用情况统计

该功能统计系统使用各类企业数量、生产批次、生产产品数量。

9.4.11.2 追溯查询统计

该功能统计消费者追溯查询次数、各企业产品追溯查询次数、各产品追溯查询次数。

9.4.12 系统配置管理

模块概述:本模块实现系统基础数据配置及系统用户和访问权限控制管理,采用用户代码+密码验证的登录方式,把权限与角色关联(每个角色拥有多种关联权限),再把角色赋予用户,用户拥有角色关联的权限,可以访问相对应的权限功能。

9.4.12.1 用户管理

功能描述:系统采用用户名+密码登录方式,用户要使用系统,必须先建立登录账户。该功能可以新建和修改系统用户信息,用户包括企业用户和系统管理用户,用户信息数据项如表9-29所示。

表9-29 用户管理数据项

序号	数据项	类型	是否必录项	说明
1	用户代码	String	是	
2	用户名称	String	是	
3	登录密码	String	是	
4	用户所属企业编号	String	否	
5	有效状态	Float	是	
6	用户角色编号	String	是	

序号	数据项	类型	是否必录项	说明
7	录入日期	String	是	
8	录入人员	String	是	

操作角色:系统管理人员。

输入:用户信息。

输出:保存后的用户信息。

9.4.12.2　角色管理

功能描述:控制用户对系统的访问,只有授权给用户的功能,用户才可以操作,非授权的功能禁止用户访问。一个用户通常有多个访问权限,多个用户可能有相同的访问权限,通过建立权限组的方式简化了权限管理,一个权限组可以包括多个权限。建立角色与权限组对应,把角色赋予用户,用户即拥有角色的权限组的所有权限。新建和修改角色,角色可选择关联系统的权限,角色数据项如表9-30所示。

表9-30　角色管理数据项

序号	数据项	类型	是否必录项	说明
1	角色编号	String	是	
2	角色名称	String	是	
3	角色所属企业编号	String	否	
4	有效状态	Float	是	
5	角色关联权限组列表	List	是	
6	录入日期	String	是	
7	录入人员	String	是	

操作角色:系统管理人员。

输入:角色相关信息。

输出:保存后的角色信息。

小　结

食品生产经营流通主要经过种植生产、加工处理、物流运输、商超销售环节,如果有食品质量安全问题,还需要在销售后召回产品。为了记录食品的所有信息和流通过程中追踪物体的位置及过程信息,本章建立了食品全产业链双向可追溯系统,具备采购管理、种植生产管理、加工处理管理、出入库管理、物流运输、溯源追踪、执法监督、统计查询、系统配置管理9

个功能模块。系统通过给物体定义唯一身份标识,将物体身份标识与追溯信息绑定,通过物体身份标识即能找出对应的追溯信息。物体身份标识载体有二维码、条码、RFID射频识别电子标签。电子标签具有识别快、识别距离远、可穿透识别、可批量识别、不易出错、操作便捷等优点,系统设定在种植生产、加工处理及运输过程中采用电子标签作为物体身份标识载体,以方便操作,提高生产效率。在产品的最小包装上印刷产品二维码和条码,方便消费者扫码溯源。系统把身份标识转换成二维码或条码,然后把身份标识二维码或条码印刷于物体包装上或把身份标识写入到RFID射频识别电子标签,并将RFID射频识别电子标签与物体实物捆绑,电子标签随物体一起转移。

第10章 食品安全风险双向分层追溯平台

10.1 概　述

食品安全风险双向分层追溯平台通过一物一码的形式连接整个产品的生命周期,实现智慧溯源、商品防伪、渠道管控、数字营销等,实现了品牌商、分销商、消费者之间的连接,科学管理食品流转过程,增强了监管力度。

设计者采用需求分析、方案设计、系统集成以及实际应用相结合的实施方法,将各个技术问题有机地结合起来,集成得到食品安全风险双向分层追溯平台(https://szkxyjy.qccvas.com),如图10-1所示,形成了从码值、商品、生产、仓库、订单等方面进行的食品安全风险的溯源管理,此外也设置了溯源稽查、统计分析、组织架构、系统设置4个模块。

图10-1　食品安全风险双向分层追溯平台

10.2 安装和初始化

整个系统的用户展示和用户应用主要分为食品安全风险双向分层追溯平台与食品安全风险双向分层追溯两个部分,这两部分部署在同一套环境下,共用一套基础设施,包括微服务基础设施、各种存储设备等。部署后即可对用户进行鉴权并让用户用浏览器进行登录和相关业务操作。

10.3 业务流程与系统功能匹配介绍

10.3.1 用户登录

1. 开启登录界面

打开浏览器,输入"https://szkxyjy.qccvas.com",访问食品安全风险双向分层追溯平台(图10-2)。

图10-2 食品安全风险双向分层追溯平台用户登录界面

2. 登录

输入用户账号和密码后,点击 马上登录 按钮。

3. 验证通过

登录的账号和密码验证通过,界面跳转至食品安全风险双向分层追溯平台的欢迎页(图10-3)。

图10-3 欢迎页界面

10.3.2 用户退出

使用账号登录成功后进入到食品安全风险双向分层追溯平台,点击右上角【退出】按钮,页面返回到登录界面,即可完成用户退出操作。

10.3.3 个人中心

个人账号登录成功后,可以点击最上方菜单栏的【账户名称】按钮,待弹出功能弹出框,点击【个人中心】按钮,即可进入个人中心去查看或编辑个人信息,如图10-4所示。

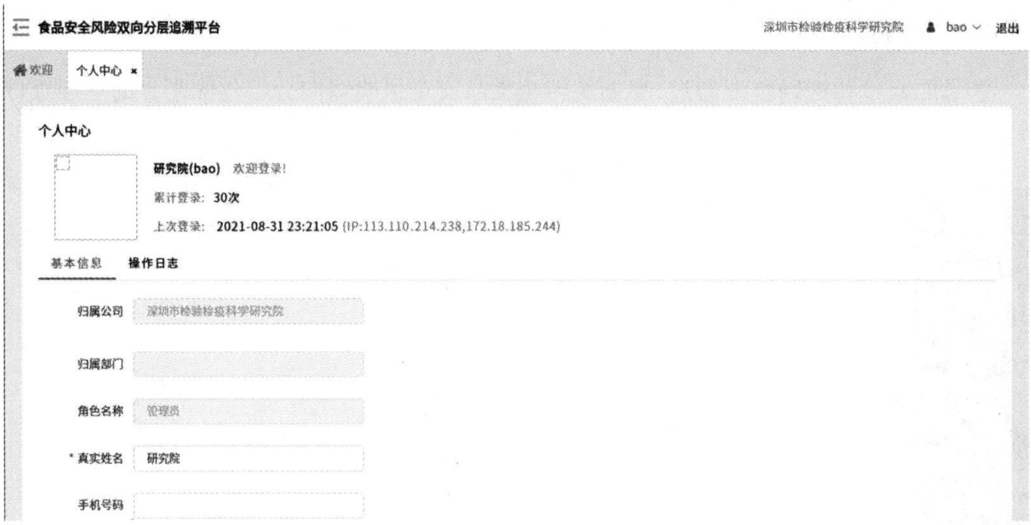

图10-4　个人中心界面

进入个人中心可以看到当前账号的登录信息、基本信息以及操作日志三部分信息,基本信息和操作日志支持点击对应标签【基本信息】与【操作日志】,展示不同的信息。

10.3.3.1　登录信息

如图10-5所示,登录信息包括登录的头像、真实姓名及对应的登录账号、累计登录次数以及上一次登录的系统时间及所在网络环境下的IP地址信息。

图10-5　登录信息界面

10.3.3.2　基本信息

基本信息包含3个不支持修改的信息(归属公司、归属部门、角色名称)和3个支持修改的信息(真实姓名、手机号码、邮箱地址)(图10-6)。

操作步骤:

编辑真实姓名(必填项)、手机号码、邮箱地址信息后,点击【保存】按钮,提示"操作成功"。

图10-6　基本信息界面

10.3.3.3　操作日志

操作日志展示所有账号登录此平台后所做的操作记录,记录信息主要包含:操作时间、操作人、访客的IP地址、事件备注(图10-7)。

基本信息	操作日志			
	操作时间	操作人	IP(城市)	事件备注
		暂无数据		

共0条　20条/页　< **1** >　前往 1 页

图10-7　操作日志界面

10.3.3.4　修改密码

用户登录后,需要修改自己的登录密码,可以点击右上角姓名出现下拉"修改密码"菜单进入到修改页面(图10-8)。

图10-8　修改密码界面

操作步骤：

1. 进入修改密码页面

点击最上方菜单栏的账户名称,弹出功能弹出框,点击【个人中心】,即可进入个人中心去查看或编辑个人信息,点击【修改密码】按钮。

2. 设置新密码

在【新密码】文本框输入8到16位的新密码,在【确认密码】文本框输入相同的密码。

3. 保存设置

点击【保存】按钮,保存当前设置,完成修改密码操作。

10.3.4 忘记密码

当用户忘记账号密码无法成功登录时,需要联系系统管理员,系统管理员会对当前用户的账号和密码进行处理。

10.3.5 组织架构

组织架构功能模块主要用于对企业内部和企业外部的组织及人员信息进行管理,支持对企业下的供应商、工厂、经销商所属的用户、角色、部门、权限进行管理和设置(图10-9)。

图10-9 组织架构界面

10.3.5.1 下级组织

下级组织包含经销商、工厂和供应商3种类型,企业可以对组织及组织下的用户进行权限的划分以及级别的管理。

支持对经销商信息进行创建、修改、删除操作,创建经销商支持批量导入和新增组织两种操作,创建经销商时需要注意经销商的"名称"及"编码"在系统内不能重复。

1. 批量新增经销商

(1) 下载模板　批量创建经销商信息,点击【批量导入】按钮,弹出导入提示框,点击【导入模板】按钮下载模板,将模板下载至本地(图10-10)。

图 10-10　导入模板弹框

(2) 编辑模板　打开下载好的模板,编辑需要创建的经销商信息,根据模板内的设置项填写组织名称、上级名称(此两项为必填项)即可,待编辑无误后保存文档(图10-11)。

组织名称（必填）	组织编码（选填）	上级名称（必填）	详细地址（选填）
一级经销商	A001	深圳前海里子云码科技有限公司	广东省深圳市南山区

图 10-11　模板示例图

(3) 上传模板　在导入提示框点击【上传文件】按钮,选择编辑好的模板文件,点击【确认提交】按钮,即可完成批量操作。

2. 新增经销商信息

(1) 新增组织　点击【新增组织】按钮,出现新增经销商弹框(图10-12)。

图10-12　新增经销商弹框(1)

(2)填写信息　弹框出现后编辑组织名称、上级组织、组织类别、组织编码、组织状态、组织邮箱、组织地址信息。带有星号的信息为必填项。

(3)保存设置　点击【保存】按钮,保存设置后完成新增经销商操作。

3. 查看经销商详情

点击操作栏内的【详情】按钮,跳转至经销商详情界面,该界面支持新增用户、编辑用户、编辑销售区域、删除经销商信息、新增经销商用户等操作(图10-13)。

图10-13　经销商详情界面

4. 编辑经销商信息

在经销商列表界面的操作栏,点击【编辑】按钮,弹出编辑经销商信息弹框,编辑经销商信息时带星号的必填项不能为空,"组织名称"和"组织编号"不能重复,编辑完成后点击【保存】按钮,即可完成编辑信息操作。

5. 新增下级经销商

在经销商列表界面的操作栏,点击【新增下级】按钮,弹出新增下级信息弹框,新增下级经销商信息时带星号的必填项不能为空,"组织名称"和"组织编号"不能重复,操作【选择上级】按钮,弹出选择上级经销商弹框,编辑完成后点击【保存】按钮,即可完成编辑信息操作(图 10-14)。

图 10-14　新增经销商弹框(2)

6. 删除经销商信息

在经销商列表界面的操作栏,点击【删除】按钮,弹出删除经销商弹框,删除经销商信息后,在创建各类订单时不支持选择被删除的经销商作为收货方,删除经销商后对已经创建好且含有被删除经销商的订单没有影响。删除经销商时,需要先将经销商组织内的用户进行删除。当经销商组织有多层级关系时,必须先删除最下级后才能对上一级经销商进行删除(图 10-15)。

图 10-15　删除提示框

支持对工厂进行创建、修改、删除操作,创建工厂时只支持以单个添加的方式进行操作,创建工厂时需要注意工厂的"名称"及"编码"在系统内不能重复。

图 10-16　工厂信息界面

7. 新增工厂信息

(1) 新增工厂　点击【新增组织】按钮,弹出新增组织弹框进行工厂信息的编辑。工厂信息支持查看工厂详情、编辑信息及删除信息操作(图 10-17)。

(2) 填写信息　在新增工厂弹框内填写或选择组织名称(必填项)、工厂类别(必填项)、组织编码、组织状态、组织邮箱、详细地址等信息。

图 10-17　新增工厂弹框

(3) 保存设置　点击【保存】按钮,即可完成新增工厂操作,新增工厂时"组织名称"和"组织编码"信息不能重复。

8. 查看工厂详情

点击操作栏内的【详情】按钮,跳转至工厂详情界面,工厂详情界面支持编辑工厂信息、新增工厂用户、删除工厂信息、新增工厂用户等操作(图 10-18)。

图 10-18　工厂详情界面

9. 编辑工厂信息

点击操作栏内的【编辑】按钮,弹出编辑工厂弹窗,该弹窗支持编辑组织名称、工厂类别、组织编码、组织状态、负责人、组织邮箱、详细地址等信息操作(图 10-19)。

图 10-19　编辑工厂弹框

10. 删除工厂详情

在工厂列表界面的操作栏,点击【删除】按钮,弹出删除工厂弹框,删除工厂信息。删除工厂时,需要先将工厂组织详情内的用户删除之后才能将之删除(图 10-20)。

图 10-20　删除工厂弹框

　　系统支持对供应商进行创建、修改、删除操作,但只支持以单个新增方式进行操作,新增时需要注意供应商的"名称"及"编码"在系统内不能重复(图10-21)。

图 10-21　经销商管理界面

11. 新增供应商信息

　　(1)新增供应商　点击【新增组织】按钮,弹出新增组织弹框进行供应商信息的编辑。供应商信息支持查看供应商详情、编辑信息及删除信息操作(图10-22)。

图 10-22　供应商信息界面

　　(2)填写信息　在新增供应商弹框内填写或选择组织名称(必填项)、组织编码、组织状态、组织邮箱、详细地址等信息(图10-23)。

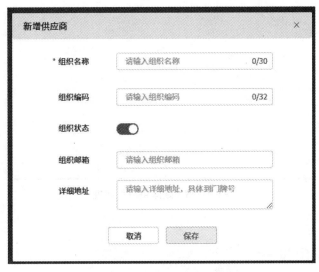

图 10-23　新增供应商弹框

（3）保存设置　点击【保存】按钮，即可完成新增供应商操作，新增供应商时"组织名称"信息不能重复。

12. 查看供应商详情

点击操作栏内的【详情】按钮，跳转至供应商详情界面，供应商详情界面支持编辑供应商信息、新增供应商用户、删除供应商信息、新增供应商用户等操作（图 10-24）。

图 10-24　供应商详情界面

13. 编辑供应商信息

点击操作栏内的【编辑】按钮，弹出供应商编辑弹窗，编辑供应商弹窗支持编辑组织名称、组织编码、组织状态、负责人、组织邮箱、详细地址等信息操作。

14. 删除供应商详情

在供应商列表界面的操作栏，点击【删除】按钮，弹出删除供应商弹框，可以删除供应商信息。删除供应商时，需要先将供应商组织详情内的用户删除（图 10-25）。

图 10-25 删除供应商弹框

10.3.6 角色设置

角色即权限,用户可自定义不同的角色,并为角色分配不同的权限,每一个角色对应某一类型的用户,方便对权限进行分配划分(图 10-26)。

图 10-26 角色设置界面

10.3.6.1 新增角色

在角色列表点击【＋】按钮,新增角色名称和编辑是否开启状态、备注。状态开启后角色才可生效,新增角色时不能创建相同名称的角色(图 10-27)。

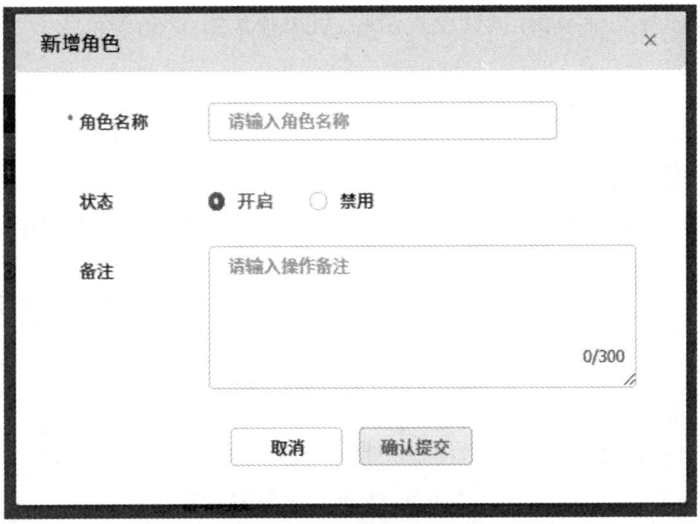

图 10-27　新增角色弹框

10.3.6.2　配置角色权限

创建角色成功后,还要对其进行权限分配,分配权限后的角色拥有对应的功能操作权限,根据企业对角色的定义进行权限分配即可(图10-28)。

权限分为平台权限和量子溯源APP权限两部分,平台权限主要赋予角色卡奥斯工业护照平台的操作权限,量子溯源APP权限主要赋予角色对量子溯源APP内小应用的操作权限。

图 10-28　权限分配界面

10.3.6.3　权限分配账号

创建和配置好权限后,再添加账号即可完成为账号赋予角色和权限的操作,添加账号设置为开启状态后即可正常登录和操作业务(图10-29)。

新增的用户账号支持编辑信息、设置密码、启用和禁用账号操作。

图 10-29　账号列表界面

点击【新增用户】按钮,弹出新增用户弹框,新增时用户账号、真实姓名、登录密码不能为空,用户账号不能重复,创建成功后会在账号列表界面展示用户账号(图 10-30)。

图 10-30　新增用户弹窗

10.3.6.4　查看操作日志

操作日志展示所有账号登录此平台后所做的操作记录,记录信息主要包含操作时间、操作人、访客的 IP 地址以及事件备注(图 10-31)。

图 10-31　操作日志界面

10.3.6.5　查看角色信息

在角色列表点击选中需要查看的角色,可以查看其权限及账号(图10-32)。

图 10-32　角色管理界面

10.3.6.6　编辑角色信息

在角色列表点击选中需要编辑的角色,可以编辑其权限及账号。

10.3.6.7　删除角色信息

在角色列表点击右上角【＋】按钮,弹出功能框后点击【删除角色】按钮,删除角色,如果当前角色下有已激活状态的账号则不支持删除。

10.3.7　用户管理

企业用户列表,企业管理员可以管理企业范围内的所有用户,包括执行新增用户、权限划分等操作(图10-33)。

图 10-33　用户管理界面

10.3.7.1　新增部门

在部门列表点击【＋】按钮,可显示新增部门名称和编辑是否开启状态、备注,新增部门时不能创建相同名称的部门(图 10-34)。

图 10-34　新增部门弹窗

10.3.7.2　新增下级部门

新增部门成功后,支持继续添加下级部门的操作,下级部门支持多层级部门关系,添加时点击【更多】按钮,待弹出功能框后操作【添加子部门】按钮即可(图 10-35)。

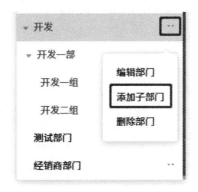

图10-35 添加子部门弹框

10.3.7.3 编辑部门信息

支持对创建好的部门进行编辑,点击【更多】按钮,待弹出功能框后点击【编辑部门】按钮,编辑部门名称和备注信息,部门信息不能重复也不能为空(图10-36)。

图10-36 编辑部门弹框

10.3.7.4 删除部门信息

支持对创建好的部门进行删除,点击【更多】按钮,待弹出功能框后点击【删除部门】按钮,点击【删除】后删除当前部门信息,应注意如果当前部门有用户则不支持删除,需要先删除部门内的用户账户后才可以删除部门。删除部门用户的操作方式请参考"删除部门用户"操作。

10.3.7.5 新增部门用户

在用户管理界面点击【新增用户】按钮,点击后弹出新增用户弹框,填写用户信息完成新增操作(图10-37)。注意带有星号的信息不能为空且创建账号不能重复。

图10-37　新增用户弹框

10.3.7.6　编辑部门用户

在用户管理界面里先找到需要的部门,再在用户列表里选择需要编辑的用户,点击操作栏【编辑】按钮,进行用户信息的编辑操作。

图10-38　编辑用户弹框

编辑信息时需要注意:用户账号不支持修改,工号不能设置重复信息,带星号的信息不能为空,点击"所属部门"后方的选择弹框,选择弹窗内的部门信息进行设置。

10.3.7.7　权限设置

支持为用户进行权限分配,此操作直接将设置好的角色和权限分配给当前用户,选中后点击【保存】按钮,用户权限即可生效(图10-39)。

图 10-39　用户权限编辑弹框

10.3.7.8　删除部门用户

支持在用户管理列表内删除用户的操作,被删除的账号不可再登录平台和量子溯源APP。删除时需要先将用户状态设置为禁用,再点击操作栏内的【删除】按钮即可弹出操作提示框,点击弹出框内【确认】按钮即可完成删除(图10-40)。

图 10-40　删除提示框

10.3.8　组织设置

10.3.8.1　设置经销商级别

设置经销商级别用于对经销商组织进行分级操作,最多支持0~10级的层级设置,0级默认为企业最高级别(图10-41)。

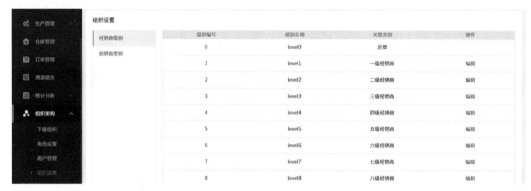

图10-41　经销商级别界面

10.3.8.2　编辑经销商级别

在经销商级别界面点击操作栏内的【编辑】按钮,可以对级别名称、关联类别进行修改。修改后点击操作栏内的【保存】按钮,即可完成编辑级别操作。

10.3.8.3　设置经销商类别

支持用户自定义经销商类别,定义好的类别可以在设置经销商级别时进行赋值经销商级别的操作(图10-42)。

图10-42　设置经销商类别界面

10.3.8.4　编辑经销商类别

在经销商类别界面点击操作栏内的【编辑】按钮,点击后可以对类别名称进行修改。修改后点击操作栏内的【保存】按钮,即可完成编辑级别操作。

支持类别排序操作,点击【排序】按钮,即可完成类别排序操作。

10.3.8.5　删除经销商类别

在经销商类别界面点击操作栏内的【删除】按钮,可以对类别名称进行删除(图10-43)。注意已经关联过级别的类型信息不支持删除,需要先取消关联后才可删除。

图10-43　删除经销商类别弹框

10.3.9　系统设置

企业多功能的参数配置,例如申请授权码量的损耗参数、设置出入库方式等,可以帮助企业对系统的一些配置项进行个性化配置,以满足不同企业的需求。

10.3.9.1　参数设置

设置平台及量子溯源APP的全局变量,支持企业用户根据不同业务需要设置业务参数,支持企业进行业务相关的个性化设置。

10.3.9.2　耗损规格

申请授权码量的损耗参数,支持按照百分比和固定数量进行设置(图10-44)。

图 10-44　耗损规则界面

10.3.9.3　出入库方式

"出入库方式"主要用于设置业务订单的出库和入库的操作方式,出库操作支持扫码出库和确认出库两种方式,入库方式支持扫码入库、确认入库、自动入库三种方式。设置好后点击【保存提交】按钮,即可完成操作(图 10-45)。

图 10-45　出入库设置界面

10.3.9.4　收发货设置

对设置项进行设置,设置后会影响对应的功能,收发货设置如下(图 10-46):

(1) 按商品单独生成出库单　订货单在生成出库单时,根据订单中不同的商品生成一个或多个出库单。

(2) 允许企业从工厂发货　企业在创建订单时,可以选择工厂的仓库作为发货仓库。

(3) 允许经销商跨级发货　经销商创建订单过程中,可以选择下属的所有经销商作为接收组织。

(4) 允许工厂发货给经销商　工厂可以选择经销商作为接收组织,直发给经销商用户。

(5) 扫码出库接收组织仓库自动收货　使用"扫码出库"小应用进行发货,对应的接收组织自动收货入库。

设置好后点击【保存提交】按钮,即可完成操作。

图10-46 收发货设置界面

10.3.9.5 生产与流通数据

允许经销商查看所有下级经销商出入库操作记录:所有经销商用户可以查看与之相关联的所有下级经销出入库操作记录,即可以查看下级经销商的出库统计、入库统计以及出入库明细。

允许经销商查看所有下级经销商库存记录:所有经销商用户可以查看与之相关联的所有下级经销库存记录,即可以查看下级经销商的库存状态。

允许经销商查看所有下级经销商组织信息:所有经销商用户可以查看与之相关联的所有下级经销商信息,可对下级进行编辑。

量子微查扫码自动解除所有上级关联:经销商和消费者使用量子微查扫码,解除该码值所有上级的关联关系,该码值与下级关联关系不变。

设置好后点击【保存提交】按钮,即可完成操作(图10-47)。

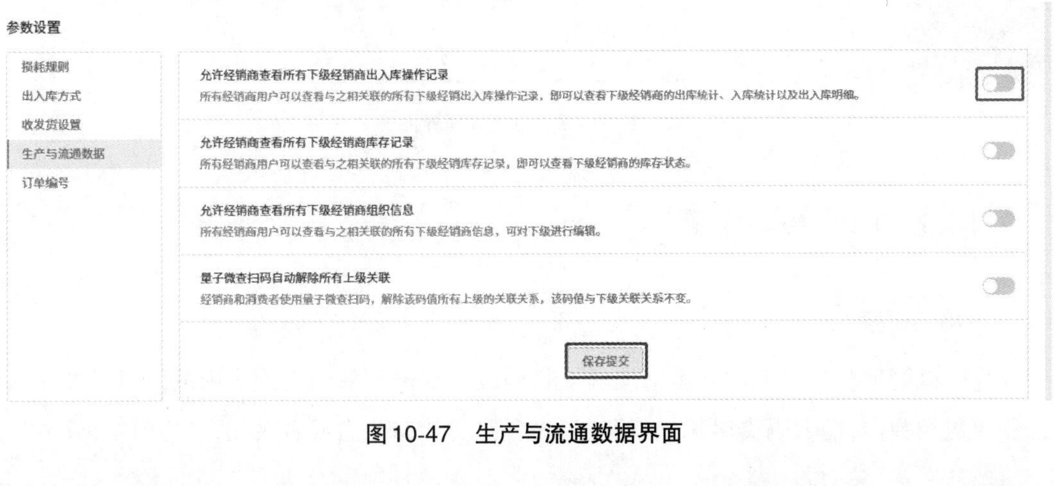

图10-47 生产与流通数据界面

10.3.9.6 订单编号

"修改订单编号"启用后通过"出库单""入库单""建单入库"即可手动修改订单编号(图 10-48)。设置好后点击【保存提交】按钮,即可完成操作。

图 10-48 订单编号界面

10.3.10 码值管理

企业用户定义同一类型的码值数据为码类,例如贴在盒子上的码值,定义为盒码,贴在箱子上的为箱码。企业用户可以在"码值管理"模块中管理码类数据。由于每个企业的码值不同,根据每个企业的生产需要将码值、码图的不同用途通过码类来区分定义,码值是后续各个操作环节如赋码、申请授权、关联、出入库、稽查等流程的前提条件(图 10-49)。

图 10-49 码值管理界面

10.3.10.1 码类设置

1. 码类设置

它可以管理所有码类的基本信息、码图、码段。点击全部码类列表内的【添加】按钮,弹出新增码类弹框,输入码类名称(必填项),设置码类状态开启或者关闭,开启时当前码类才可进行关联商品(图10-50)。

图10-50　新增码类弹框

2. 码图选项

支持给码类设置码图,左侧码类列表中选中要设置的码类,右侧点击"码图选项",直接勾选对应的码图,此操作支持多选(注意:虚拟码不得与其他扩展码同时选择)(图10-51)。

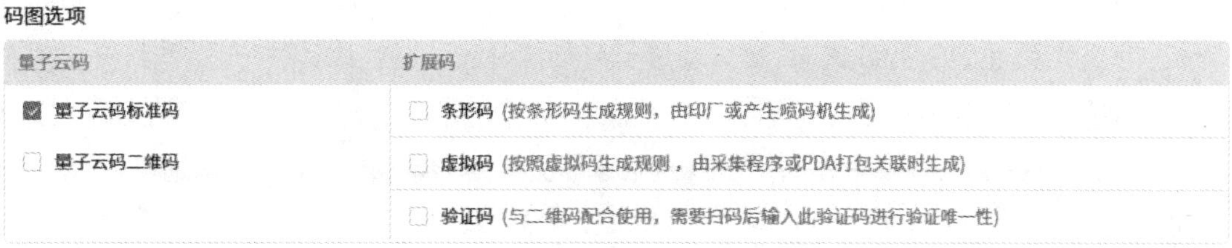

图10-51　码图选项界面

3. 码段设置

用于显示不同码段信息,支持新增码段、编辑码段和删除码段操作,进度条用于展示当前码段使用的情况,根据码值的试用情况进行百分比显示,当显示为100%时表示当前码段已经全部使用(图10-52)。

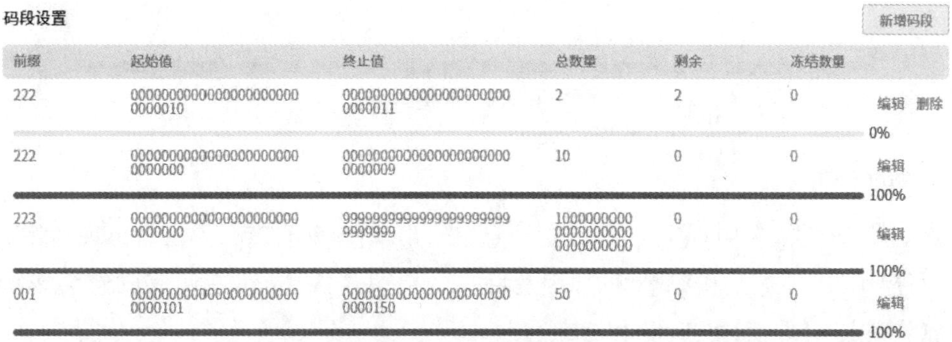

图10-52　码段设置界面

4. 新增码段

添加码段需要先选中某个码类,然后在右侧码段设置,点击【新增码段】按钮,按照所需要的码段进行设置,设置好后点击【保存】按钮,即可完成新增码段操作(图10-53)。

图10-53 新增码段弹框

5. 编辑码段

点击对应码段设置列表内【编辑】按钮,可编辑终止值或者数量。有以下两种编辑操作方式:① 先对终止值进行设置时,数量会进行自动统计;② 先对数量进行设置时,终止值会进行自动显示(图10-54)。

图10-54 编辑码段

6. 删除码类

点击某个码类,右侧对应显示"基本信息"中,出现【删除】按钮,点击后出现删除确认弹窗,填写操作备注(描述此次删除的原因及目的),点击【确认】按钮,就可完成删除操作,如果不想删除则点击【取消】按钮(图10-55)。

图 10-55　删除确认弹窗

10.3.10.2　自定义码

自定义码是指企业根据自有的码值,把在企业端生成的码值数据通过文件导入到平台,再次申请授权的时候可以调取这里的模板,从而获取文件中的数据作为取值参数(图 10-56)。自定义码导入数据前需要先新增模板来定义模板导入的参数规则,参数规则包括文档格式、字段信息,增加模板后系统会自动生成"导入示例文件",以方便企业用户参考使用导入数据。

图 10-56　自定义码界面

1. 新增自定义模板

导入数据前需先进行"新增模板",点击左侧模板列表右上【新增模板】按钮,出现新增模板弹窗,按照要求输入或者选择对应参数,最后点击【提交】按钮,判断必填项是否已全部填写,如填写,会出现提示"操作成功!",并且插入到数据库对应的表中,反之在对应字段出现对应提示;点击【取消】按钮,则弹窗隐藏消失。

图10-57 新增模板弹窗

操作步骤：

（1）选择处理模式 处理模式分为"先导入后申请"和"先申请后导入"两种,区别在于前者为先提供数据文档,导入系统后根据文档中数据的数量申请量子云码授权,再进行自定义码与量子云码的绑定;而后者是先申请量子云码,在数据文档中指定每个自定义码与量子云码的关系,然后再导入到系统中。这两种场景的区别在于,第一种是先导入数据,再生成量子云码与之匹配;第二种是先申请授权,并在数据文档中指定关系,再导入绑定关系。

（2）模板名称 必填项,为输入模板名称,模板名称根据用户的需要自定义进行命名。

（3）模板状态 必填项,状态分为开启或关闭,开启后才能正常进行自定义码的申请操作。

（4）模板备注 添加此模板备注信息。

（5）关联码类 必填项,选择在设置好的码类进行关联操作(注意:只有处理模式为"先导入后申请"才需要配置此项设置,"先申请后导入"无需配置此项)。

（6）模板配置 支持生成3种格式的模板文件,分别为EXCEL、CSV、TXT三种格式文件,默认为EXCEL格式文件。

（7）首行字段名 用于控制生成的模板下载后是否展示字段名称,选择【是】展示,【否】则不展示。

（8）字段信息 用于设置示例模板中自定义码的字段信息,支持单个字段或者多个字段组合方式进行自定义码的生成(注意:处理模式为"先导入后申请"时字段为字段名称和编码两个字段(图10-58);当处理模式为"先申请后导入"时字段为Qcc码、字段名称和编码三个字段信息(图10-59))。

图 10-58 "先导入后申请"字段界面

图 10-59 "先申请后导入"字段界面

（9）保存模板　点击【提交】按钮，即可完成新增模板的操作。

2. 编辑自定义模板

点击左侧模板列表内的【编辑】按钮，弹出功能框，点击【编辑模板】按钮后弹出编辑模板弹框，编辑模板后点击保存即可（图10-60）。

图 10-60　编辑模板弹框

3. 删除自定义模板

点击左侧模板列表内的【编辑】按钮,弹出功能框,点击【删除模板】按钮后弹出删除模板弹框,点击【确认】按钮,即可删除(注意:当模板下有数据时不支持删除)(图10-61)。

图10-61　删除模板弹框

4. 下载示例文件

模板列表内选择需要下载的示例文件模板,列表右侧会显示对应的模板列表,点击【下载示例文件】按钮,即可下载文件模板至本地电脑进行编辑(图10-62)。

图10-62　下载示例文件操作界面

5. 上传示例文件

将需要处理的自定义码填入下载至本地电脑的示例文件,编辑好后点击【导入数据】按钮,出现"导入数据文件"弹窗,按照要求选择【选择模板】、选择【本地文件】文件(注意:格式需要符合模板的要求,如果格式不一致则上传后会提示解析异常)(图10-63)。

图10-63　上传示例文件界面

6. 处理示例文件

(1)先导入后申请　点击【确认导入】按钮,系统判断必填项是否已选择,如正确则更新数据到列表中,并且状态为"正在上传",待状态显示为"导入完成"时,表明文件已经上传至文件服务器等待人工进行审核(图10-64)。审核通过后文件状态显示"授权通过"。

图 10-64　导入示例文件界面

（2）先申请后导入　点击【确认导入】按钮,系统自动进行处理并展示处理结果,处理过程中状态分为"正在解析",当完成后状态变更为"绑定成功",当数据有异常时会显示"绑定失败"(图10-65)。

图 10-65　示例文件列表界面

7. 查看处理结果

点击【文件名】按钮,可以查看需要导入的自定义码数据信息(图10-66、图10-67)。

图 10-66　自定义码模板列表

图 10-67　预览数据弹框

10.3.10.3　我的授权

码类信息创建完成后,即可选择码类,进行授权申请。审核通过后,即可生成码值,供印厂进行印刷。企业向平台申码类授权文件和可变数据文件,订单状态分别是:待审批、审批通过、审批未通过、取消授权,审批通过后,在操作列表对应的订单会显示,点击【下载可变数据文件】按钮就可以下载 ZIP 格式的可变数据文件压缩包(图 10-68)。

图 10-68　我的授权界面

1. 按码类申请

进入"我的授权"界面,点击授权申请列表上的【申请授权】按钮,跳转至申请授权界面(图 10-69),根据用户需求申请需要的码类,向量子云码平台申请授权文件,企业获取到授权文件可以下载到本地。

图 10-69　申请授权界面(无数据)

操作步骤:

(1) 选择码类　在申请授权界面,点击【选择码类】按钮,弹出选择码类申请弹框,勾选需要申请的码类选项,点击【确定】按钮,完成选择码类操作(图 10-70)。

图 10-70　选择码类弹框

(2) 申请设置　跳转至申请授权界面后,会在列表中展示需要申请的码类信息,设置申请码量和损耗码量的数量(图 10-71)。

图 10-71　申请授权界面(有数据)

（3）选择设备 操作【选择设备】按钮，待弹出选择设备弹框后选择授权过的PCID和Ukey，选中后点击【确认】按钮即可完成选择设备操作（图10-72）。

图10-72 选择设备弹窗

（4）选择有效期 有效期分为30天、60天、90天三种，当有效期超出后，需要向客户管理人员申请进行处理。

（5）申请凭证 操作【点击上传】按钮，选择凭证截图。点击【确定】按钮，即可完成码类申请操作。

3.10.3.4 按自定义文件申请

进入"我的授权"界面，点击授权申请列表上的【申请授权】按钮，跳转至"申请授权"界面，根据用户需求申请需要的自定义文件，向量子云码平台申请授权文件，企业获取到授权文件可以下载至本地（注意：自定义文件选择的范围为自定义码功能模块内先申请后导入且示例文件状态为导入完成的文件）（图10-73）。

图10-73 申请授权界面（无数据）

操作步骤:

(1) 选择自定义文件　在申请授权界面,点击【选择自定义文件】按钮,弹出选择码类申请弹框,勾选需要申请的码类选项,点击【确定】按钮,完成选择码类操作(图10-74)。

图10-74　选择自定义文件弹框

(2) 申请设置　跳转至申请授权界面后,会在列表中展示需要设置的信息(图10-75)。

图10-75　申请授权界面

(3) 选择设备　操作【选择设备】按钮,待弹出选择设备弹框后选择授权过的PCID和Ukey,选中后点击【确认】按钮即可完成选择设备操作(图10-76)。

图10-76 选择自定义文件弹框

（4）选择有效期 有效期分为30天、60天、90天三种，当有效期超过后，需要向客户管理人员申请进行处理。

（5）申请凭证 操作【点击上传】按钮，选择凭证截图。点击【确定】按钮，即可提交码类申请订单操作，完成提交后返回申请授权界面，会看到一条状态为待审批的订单。

1. 审批授权

所有的申请授权订单需要由量子云码商务人员在量子云码管理平台进行审核确认，订单状态会根据审核的结果进行对应的变更及展示。

2. 查看订单状态

申请授权的订单状态主要有待审批、审批通过、审批未通过、取消授权几种状态，支持按照不同状态的标签页进行订单分类展示（图10-77）。

图10-77 申请授权界面（有数据）

3. 查看订单详情

点击【申请单号】按钮,即可查看申请订单详情,详情页展示申请的详细信息及审核结果。

图 10-78　授权申请订单详情界面

4. 下载可变数据文件

审批通过的订单,可以下载可变数据文件给印厂进行印刷,在授权申请订单详情界面的下载文件栏位点击【下载】按钮,下载可变数据文件(图 10-79)。

图 10-79　新建下载界面弹窗

10.3.10.5　批量处理

支持码值管理人员对码类相关的业务进行批量操作,目前支持批量赋码、批量入库、码值初始化等批量操作(图 10-80)。

图 10-80　批量处理界面

1. 批量入库

点击【批量入库】按钮,弹出设置弹框后对已经完成关联操作的码值和对应的商品进行入库操作。码值操作人员输入信息时需要确认码值的起始值和终止值、入库数量、赋码商品、入库仓库、产线信息、批次号设置的准确性(图 10-81)。

图 10-81　批量入库设置弹框

2. 批量赋码

对一批商品进行批量赋码操作,输入起始值、终止值以确定输入项的范围,选择赋码商品,点击【确定】按钮,提交批量赋码操作(图 10-82)。

图 10-82　批量赋码弹框

3. 码值初始化

支持对一定数量的码值进行初始化操作,码值初始化的状态可以在初始化弹框内进行配置操作。只需要勾选对应的设置项即可。

配置项设置如下:

① 清除商品信息,码值商品信息将清除,码值状态将置为初始化状态(此项会清除码值所有的关联关系及数据操作记录,请谨慎操作)(图 10-83)。

② 清除库存信息,码值库存信息将清除。

③ 清除生产信息,码值的仓库、产线、批次号等生产信息将会被清除。

④ 清除下级关联信息,删除与输入码段关联的下级关系记录。

⑤ 清除操作记录,码值所有的操作记录将清除。

⑥ 清除上级关联信息,删除与输入码段关联的上级关系记录。

⑦ 清除出入库记录,删除输入码值及关联下级码值的出入库记录信息。

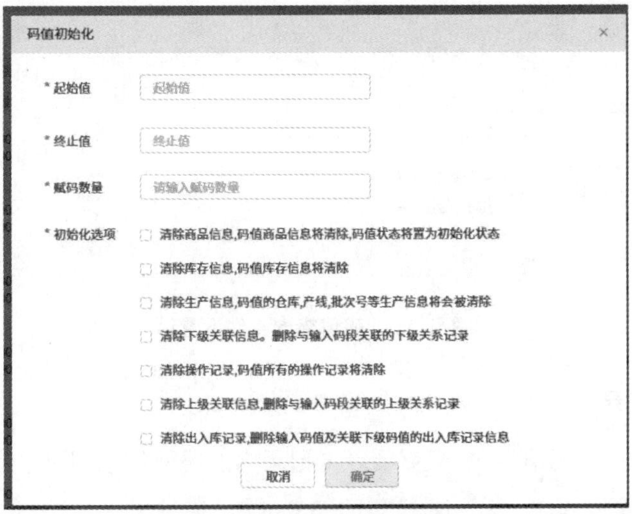

图 10-83　码值初始化弹框

10.3.10.6　码值查询

码值查询界面如图10-84所示。

图10-84　码值查询界面

1. 按量子云码查询

进入码值查询界面,先在查询类型选项内选择【量子云码】,然后在搜索框内输入量子云码的码值进行查询。

2. 按条形码查询

进入码值查询界面,先在查询类型选项内选择【条形码】,再在搜索框内输入条形码码值进行查询。

3. 按自定义码查询

进入码值查询界面,先在查询类型选项内选择【自定义码】,在搜索框前输入自定义码的key值,再输入条形码码值条件进行查询(注意:自定义码需要先导入并授权通过才可在此进行查询操作)(图10-85)。

图10-85　码值查询条件设置项

4. 历史查询记录

记录用户查询过的码值记录,只需要点击记录内的码值信息即可直接进行查询,无需再次输入码值信息(图10-86)。

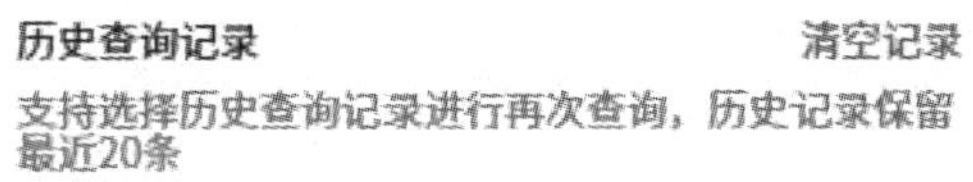

历史查询记录　　　　　　　　　　　　清空记录

支持选择历史查询记录进行再次查询，历史记录保留
最近20条

图 10-86　查询记录界面

10.3.10.7　作废激活

此功能主要用于对码值进行作废和激活操作，作废的码值不支持绑定商品操作（图
10-87）。

图 10-87　作废码池界面

1. 批量作废

支持批量作废码值信息，批量操作后作废的码值会在作废码池进行展示。作废时需要
注意以下几点：

　　① 已存在关联关系的码值无法进行作废；

　　② 未使用或已入库的码值可以作废；

　　③ 操作范围内所有码值必须都满足作废条件才能批量作废；

操作步骤：

在作废码池界面选择【批量作废】按钮，待弹出批量作废弹框，输入起始码值和终止值
（图10-88）。

图 10-88　批量作废弹框

点击【确定选择】按钮进行提交,当做码值尚有关联关系或者已经使用则不满足作废要求,会提示"该码值存在上级码,请扫上级码或先解除关联再进行取消关联"。

2. 批量激活

支持批量激活已经作废码值,批量操作后作废的码值会被激活,激活后不会在作废码池进行展示。激活时需要注意以下几点:

① 只有已作废的码才可以重新激活;

② 操作范围内所有码值都满足激活条件才能批量激活。

操作步骤:

在作废码池界面选择【批量激活】按钮,待弹出批量激活弹框,输入起始值和终止值即可(图 10-89)。

图 10-89　批量激活弹框

3. 扫码记录

用于展示单个操作过作废和激活的码值记录,支持按时间、码类、操作类型、商品、码值信息进行条件查询(图10-90)。

图 10-90　作废激活记录界面

4. 批量记录

用于展示批量操作过作废和激活的码值记录,支持按时间、码类、操作类型、商品、码值信息进行条件查询(图10-91)。

图 10-91　批量作废激活记录界面

10.3.10.8　黑名单

支持将某一个或者某一些码值拉入黑名单,以解决码值被盗用的情况。黑名单码池支持对码值进行拉黑操作(图10-92),操作记录界面用于记录码值拉入黑名单的操作记录(图10-93)。

图 10-92　码值黑名单界面

图10-93　码值黑名单操作记录界面

10.3.11　商品管理

商品管理模块用于管理商品信息,其中包含品牌设置、商品管理、商品发布、商品参数设置4个主要功能模块(图10-94)。

图10-94　品牌设置界面

10.3.11.1　品牌设置

可设置企业下所有商品品牌,设置后用于对商品的SKU、SPU信息进行设置和操作。

1. 新增品牌

在品牌设置界面点击【新增品牌】按钮,弹出新增品牌弹框(图10-95),填写必填项及相关信息即可完成新增品牌操作。新增后的品牌会在品牌设置界面进行展示。

图 10-95　新增品牌弹框

2. 编辑品牌

将鼠标悬停至品牌设置界面中需要编辑的品牌上,点击【编辑】按钮即可对品牌信息进行编辑操作(图10-96)。当品牌下已经有商品信息时,支持修改当前品牌信息的操作。

图 10-96　当前品牌信息页面

3. 删除品牌

将鼠标悬停至品牌设置界面中需要编辑的品牌上,点击【删除】按钮即可对品牌信息进行删除操作。当品牌下已有商品信息时,不支持删除当前品牌,删除时会提示用户"品牌已关联其他数据,无法删除!",需要先删除相关的商品信息才可删除此品牌。

10.3.11.2　商品列表

商品列表界面支持对品牌添加商品目录,目录支持多级添加,已添加好的目录信息可以支持商品的新增操作,当需要删除和修改商品信息时支持点击商品列表内的该商品进入商品详情界面操作(图10-97)。

图10-97　商品列表界面

1. 新增商品目录

在目录列表点击【添加】按钮,点击后弹出新增目录弹框,输入目录名称点击【确认】即可完成操作(图10-98)。

图10-98　新增目录弹框

2. 编辑商品目录

创建目录后,在目录列表点击【更多】按钮,弹出操作弹框,点击弹框内的【编辑】按钮即可进行目录名称的编辑操作(图10-99)。

图10-99　商品列表界面

3. 新增下级目录

创建目录后,在目录列表点击【更多】按钮,弹出操作弹框,点击弹框内的【新增】按钮即可进行新增下级目录名称的操作。

4. 删除商品目录

创建目录后,在目录列表点击【更多】按钮,弹出操作弹框,点击弹框内的【删除】按钮即可进行目录名称的删除操作。目录下已经添加商品时不支持删除当前目录。

5. 新增商品

在商品列表界面,点击【新增商品】按钮,跳转新增商品界面添加商品信息,商品名称为必填项不能为空,填写完商品信息后点击【确认】按钮,即可完成新增操作(图 10-100)。

图 10-100　新增商品界面

6. 编辑商品

(1) 编辑基本信息　在商品列表界面,点击商品跳转至商品详情界面,详情界面展示商品图片、商品名称、所属品牌、归属目录、商品编号、详细介绍等基本信息(图 10-101)。

图10-101　商品基本信息界面

（2）编辑单品设置　在商品基本信息界面，点击【单品设置】按钮切换至单品设置页，此处支持添加多个单品信息，在添加单品后，支持添加不同属性，设置后点击【按属性值组合生成所有的SKU】按钮组合式地生成多个单品（图10-102）。

图10-102　单品设置界面

支持给单品添加属性，点击【属性设置】按钮，弹出属性设置弹框，支持添加属性和从属性库中选择属性（图10-103）。

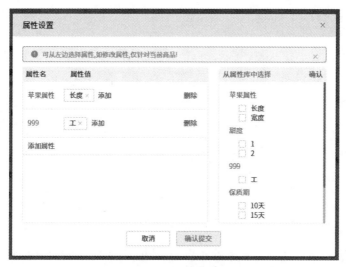

图10-103　属性设置弹框

（3）图片设置　点击【图片设置】页签，切换至图片设置界面，此界面支持为单品、SKU添加图片信息，点击【添加】按钮后弹出选择图片弹框，从本地上传图片，图片支持png、jpeg等格式（图10-104）。

图10-104　图片设置界面

（4）关联规格　点击【关联规格】页签，切换关联规格设置界面，添加商品不同规格，规格主要用于体现商品的包装规格，支持多级规格的关联设置；每组规格里面的列表数据默认按照规格层级数从小到大进行设置；码类型是从码类设置中选择某码类（例如，按商品实际包装规格进行设置，如15盒为一件、10件为一箱、5箱为一垛），设置规格时每行只能显示一个码类，同一关联规格下，不存在相同码类（图10-105）。

图10-105 关联规格界面

（5）操作日志　展示此商品相关的操作记录,记录的方式为操作时间、操作人、IP地址、具体操作类型(图10-106)。

图10-106 操作日志界面

7. 删除商品

商品列表界面(图10-107)支持删除商品操作,点击【删除】按钮即可删除对应的商品。

图10-107 商品列表界面

10.3.11.3　商品发布

商品上架后可以在工厂进行赋码、打包关联、入库,在经销商进行订货、调拨、退货,在仓库进行收发货等操作(图10-108)。

图 10-108　发布商品界面

1. 发布商品

在发布商品界面点击【发布商品】按钮,弹出发布商品弹框时选择需要发布的商品,点击发布即可。发布商品支持设置销售区域,销售区域默认为所有区域,支持指定区域,指定区域支持单选或者多选,选择项包括:华北地区、华东地区、东北地区、中南地区、西南地区、西北地区以及港澳台地区(图10-109)。

图 10-109　发布商品弹框

2. 重新发布商品

支持对已经发布的商品进行信息修改然后再次发布,重新发布时需要先勾选商品,勾选后点击【重新发布】按钮,弹出发布商品弹框,在发布商品弹框内重新进行设置即可。

3. 取消发布

支持取消已经发布的商品信息,取消发布时需要先勾选商品,勾选后点击【取消发布】按钮,弹出取消发布商品弹框,在取消发布商品弹框内点击【确认】按钮即可(图10-110)。

图10-110 取消发布商品弹框

10.3.11.4 参数设置

用于对商品相关参数进行设置,根据商品的特色可以设置对应的参数,如大小、重量、颜色等信息,设置后可在新增或维护商品时选择设置过的属性。

1. 属性设置

设置商品属性,支持新增、编辑、删除属性操作,操作后会在属性设置界面进行展示(图10-111)。

图10-111 属性设置界面

2. 单位设置

设置商品单位信息,设置后在维护商品信息进行选择。选择【单位设置】页签切换至单位设置界面,点击【新增单位】按钮后即可进行单位设置操作,新增单位后支持编辑和删除操作(图10-112)。

图10-112 单位设置界面

10.3.12 生产管理

生产管理模块主要为生产管理员提供商品生产相关的管理功能,主要包含产线设置、生产统计、批次查询、抽检记录、生产管理等。

10.3.12.1 产线设置

产线信息主要用于生产过程中的打包关联环节时,关联产线信息使用,进入产线设置界面(图10-113)。

图10-113 产线设置界面

1. 新增产线

点击产线设置界面内的【新增产线】按钮,待弹出新增产线弹框后设置产线信息,包括产线名称(必填项)、产线编码、产线负责人,点击【保存】按钮即可完成新增操作(图10-114)。当返回产线设置界面后会显示新增的产线信息,点击【状态】按钮,显示为开启状态后,产线信息才可以生效。

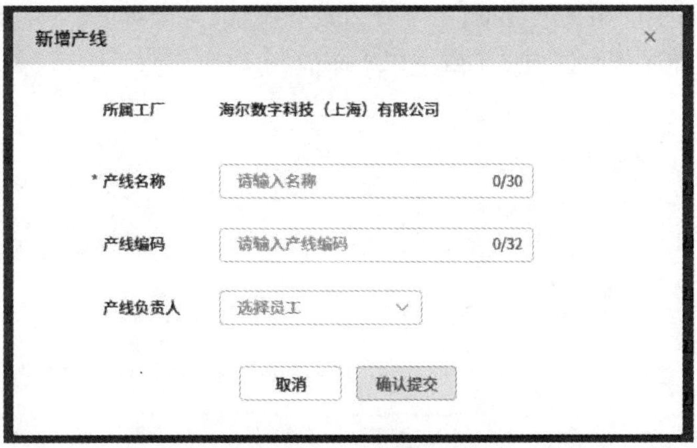

图10-114 新增产线弹框

2. 编辑产线

点击产线列表内的【编辑】按钮,弹出编辑弹框对产线进行修改,修改后点击【保存】按钮完成此操作(图10-115)。

图10-115　产线设置列表

3. 删除产线

点击产线列表内的【删除】按钮,弹出删除弹框对产线进行删除,一旦删除,该数据不可恢复,但不影响已生成的数据报表统计(图10-116)。

图10-116　删除操作弹框

10.3.12.2　生产统计

用于统计展示生产相关的数据,主要分为效率统计、生产明细、文件处理记录3个维度的数据统计信息,便于生产管理员了解工厂生产信息。

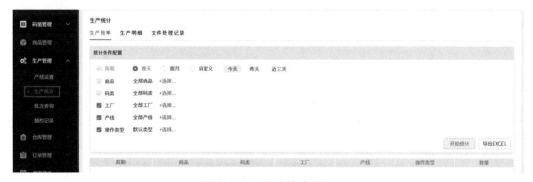

图10-117　生产统计界面

1. 生产效率统计

生产效率统计支持按照周期、商品、码类、工厂、产线、操作类型等的组合进行统计,其中周期、商品、码类为必选项,当操作任意条件内的【选择】按钮增加查询条件后,会按照新增的条件项过滤统计数据。

设置好统计条件后,点击【开始统计】按钮,完成效率统计的操作,导出 Excel 文件,点击【导出 Excel】按钮,导出统计结果到 Excel 文件,Excel 文件支持本地文件下载(图10-118)。

图10-118　生产效率统计界面

2. 生产明细

在生产效率统计界面点击【生产明细】页签切换至生产明细统计界面,按周期、品牌、操作类型、操作人员、商品、码值等条件对生产明细进行统计操作,支持将统计结果导出为 Excel文件(图10-119)。

图10-119　生产明细统计界面

3. 文件处理记录

用于统计并记录自动产线同步至平台的数据,采集的数据待系统自动处理后根据关联设置项判断关联正确与否,此结果主要用于生产数据出现异常时的跟踪,支持下载含有错误数据的数据包进行异常数据处理,支持在此界面直接上传生产数据包进行处理(图10-120)。

图10-120 文件处理记录界面

10.3.12.3 批次查询

支持批次号信息查询,进入批次查询界面输入需要查询的批次号信息,点击【查询】按钮,即可查看相关的批次号信息(图10-121)。

图10-121 批次查询界面

10.3.12.4 抽检记录

支持按照周期、码值为条件查看抽检结果(图10-122)。

图10-122　抽查记录界面

10.3.13　仓库管理

仓库管理是指对所属企业、工厂、经销商下的仓库信息进行设置和统计以及给仓库人员分配账号(图10-123)。

图10-123　仓库设置界面

10.3.13.1　仓库设置

1. 新增仓库

点击列表右上角【新增仓库】按钮,出现新增仓库弹窗,输入仓库名称、仓库编码、仓库地址、仓库负责人、联系电话,当前组织根据登录账号所属组织默认显示,点击【提交】后,提示"操作成功!"且弹窗消失,并插入该条数据到数据库对应数据表中,同时更新列表显示,如果点击【取消】则弹窗消失(图10-124)。

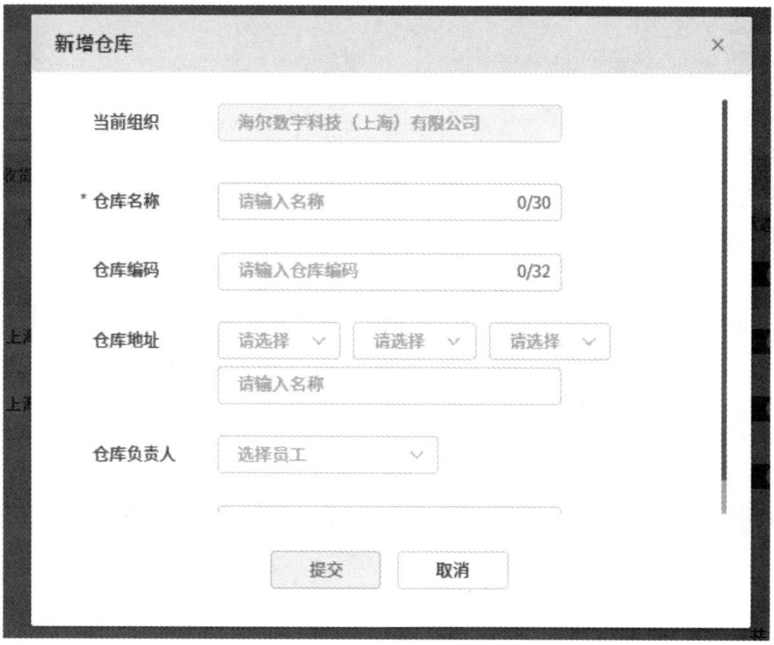

图 10-124　新增仓库弹框

2. 编辑仓库

选中列表中某条数据,点击对应右侧【编辑】按钮,出现编辑仓库弹窗,修改仓库名称、仓库编码、仓库地址、仓库负责人、联系电话,当前组织根据登录账号所属组织默认显示,点击【提交】后,提示"操作成功!"且弹窗消失,并更新该条数据到数据库对应数据表中,同时更新列表显示,如果点击【取消】则弹窗消失(图 10-125)。

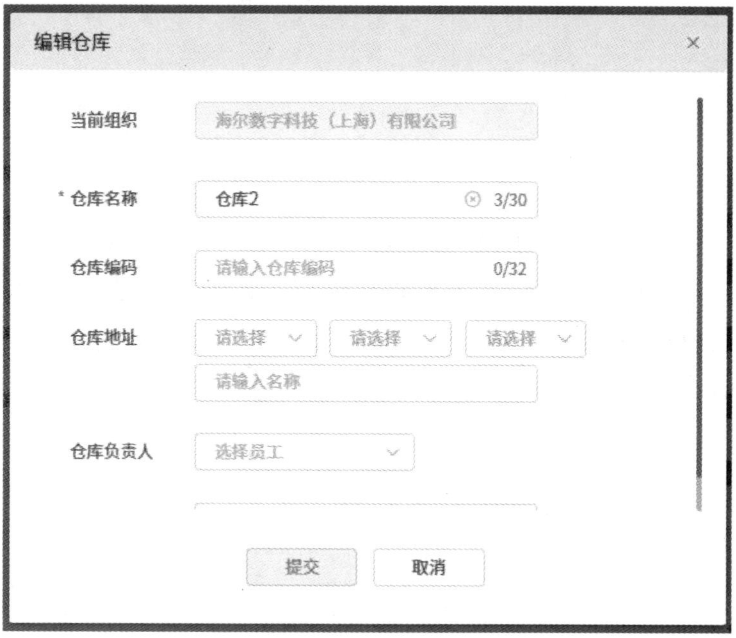

图 10-125　编辑仓库弹框

3. 删除仓库

选中列表中某条数据,点击对应右侧【删除】按钮,如果仓库未关联账号和商品在库数据,则会出现删除操作弹窗,输入备注,点击【确定】,提示"操作成功!"且弹窗消失,并从数据库对应表中删除该数据,但不影响已出库和已创建的订单数据,如果点击【取消】则弹窗消失;如果仓库已关联账号或商品在库数据,则出现警告提示"抱歉,该仓库存在关联的数据不可删除!",点击关闭按钮弹窗消失(图10-126)。

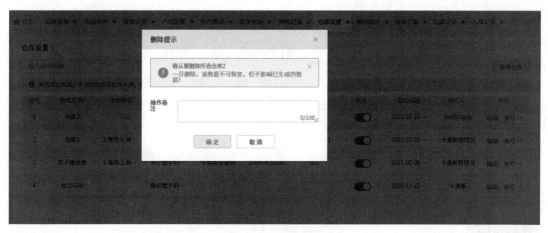

图10-126　删除提示框

10.3.13.2　库存统计

根据仓库、商品、码类3个维度对当前库存数量进行统计,支持查看库存商品的明细记录(图10-127)。

图10-127　库存统计界面

10.3.13.3　出库订单

出库订单有两种来源:第一种来源于订货单、调拨单以及退货单生成的关联订单,业务订单确认后,则会生成出库订单;第二种则是不属于上述业务类型,但是需要进行出库操作的订单,这种类型的出库操作,直接创建出库单即可。

(1) 待发货　仓库还未进行发货出库,出库数量为0时。

(2) 发货中　出库仓库正在进行出库操作,出库数量小于订单数量时。

(3) 已发货　出库仓库已经完成出库订单设置的所有出库数量,即出库数量等于订单数量时。

(4) 已取消　出库单被取消。

操作流程:

(1) 创建出库单　在出库订单界面点击【创建出库单】按钮(图10-128)。

图10-128　出库订单管理界面

(2) 选择商品　进入商品列表选择需要出库的商品(商品需要提前在商品管理界面进行设置),手动选择需要出库的单个或多个商品,确认后,点击【确定选择】(图10-129)。

图10-129　选择商品界面

(3) 填写申请　填写收发货组织信息、商品的单位、批次号、数量以及订单备注信息(图10-130)。

创建出库单

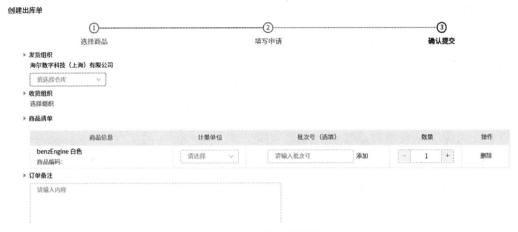

图 10-130　填写申请界面

（4）确认提交　商品选择完成后，需要确认订单的出库组织及仓库、接收方组织及仓库以及商品出库数量、计量单位、批次号等信息，订单确认完毕后，点击【提交】，则该出库单创建完毕。

订单创建完成后，如需扫码出库，则前往量子溯源 APP 的"按单出库"小应用中操作；如需查看订单详情，可在订单列表页，点击【订单编号】进入订单详情页面。

10.3.13.4　入库订单

入库订单有三种来源：

第一种是来源于订货单、调拨单以及退货单生成的关联订单，业务订单确认后，则会生成出库订单，当出库订单完成发货后，会生成对应的入库订单（图 10-131）。

第二种则是不属于上述业务类型，但是需要进行入库操作的订单，这种类型的入库操作，直接创建入库单即可（这种状态下创建的入库订单，无需出库方发货，可以直接根据订单操作入库）。

第三种则来源于出库订单，当出库订单完成发货后，会生成对应的入库订单。

图 10-131　入库订单界面

订单状态说明：

（1）待收货　仓库还未进行收货入库，入库数量为0时。

（2）收货中　入库仓库正在进行入库操作，入库数量小于订单数量时。

（3）已收货　入库仓库已经完成入库订单设置的所有入库数量，即入库数量等于订单数量时。

（4）已拒收　入库单被拒收。

操作流程：

（1）创建入库单　在入库订单界面点击【创建入库单】按钮（图10-132）。

图10-132　入库订单管理界面

（2）选择商品　进入商品列表选择需要入库的商品（商品需要提前在商品管理界面进行设置），手动选择需要入库的单个或多个商品，确认后，点击【确定选择】（图10-133）。

图10-133　选择商品界面

（3）填写申请　填写入库和发货组织信息、商品的单位、批次号、数量以及订单备注信息（图10-134）。

图10-134 填写申请界面

（4）确认提交 商品选择完成后，需要确认订单的发货组织及仓库、入库方组织及仓库以及商品入库数量、计量单位、批次号等信息，订单确认完毕后，即可点击【提交】，该入库单则创建完毕。

订单创建完成后，如需扫码出库，需前往量子溯源APP的"按单入库"小应用中操作；如需查看订单详情，可在订单列表页，点击【订单编号】进入订单详情页面。

10.3.13.5 出库记录

可根据商品名称、生产批次号、发货组织以及接收组织、时间多个维度对出库的数据进行统计。系统将按照商品名称、时间、生产批次、出库仓库、接收组织，自动聚合数据，支持将统计的记录导出到Excel文件（图10-135）。

图10-135 出库记录界面

下级记录：支持查看当前组织内下级组织的出库记录，企业用户支持查看所有下级组织信息，经销商用户支持查看其下级组织的出库记录（图10-136）。

图 10-136　查看下级记录

10.3.13.6　入库记录

可根据商品名称、生产批次号、入库仓库以及时间多个维度，对入库的数据进行统计（图 10-137）。系统将按照商品名称、时间、生产批次、入库仓库自动聚合数据。

图 10-137　我的记录界面

下级记录：支持查看当前组织内下级组织的入库记录，企业用户支持查看所有下级组织信息，经销商用户支持查看其下级组织的入库记录（图 10-138）。

入库记录

我的记录　下级记录

统计条件配置

时间范围	开始日期　至　结束日期	
商品	全部商品	选择
单位	全部单位	选择
发货组织	全部组织	选择
发货仓库	全部仓库	选择
接收组织	全部组织	选择
接收仓库	全部仓库	选择
状态	☑ 已出库　☑ 已入库	

图 10-138　查看下级记录

10.3.14　订单管理

图 10-139 是订货单界面图。

图 10-139　订货单管理界面

10.3.14.1　订货订单

订货单是由下级向上级发起的业务行为。当下级库存不足的情况下,可以使用订货单向上级发起订货申请,上级审核通过后,确定出库仓库即可生成出库订单。需要注意的是,订货单功能仅用于创建和查看业务订单,若订单创建完成后,需要做出库操作,需要前往平台端的"出库订单"或者量子溯源APP的"按单出库小应用"操作。

订单状态说明:

(1) 待确认　订货单对应的上级组织暂未审核确认。

(2) 待发货　上级组织已经审核确认,并且明确具体的出库仓库,但仓库还未进行发货出库或者只进行了部分发货,还未完成订单商品的全部发货出库。

（3）待收货　上级组织已经完成订货单关联的出库单商品的全部发货操作,收货方还未完成全部商品的收货。

（4）已完成　订货单对应的出库订单、入库订单,均为已完成状态,关联的订货单自动变更为已完成的状态。

（5）已取消　订货单申请被取消。

（6）已驳回　订货申请被上级组织驳回。

操作流程:

（1）创建订单　在订货单管理界面点击【创建订货订单】按钮,点击后跳转至订货订单界面(图10-140)。

图10-140　创建订货订单界面

（2）选择商品　进入商品列表选择需要订货的商品(商品需要提前在商品管理界面进行设置),手动选择需要入库的单个或多个商品,确认后,点击【确认选择】按钮(图10-141)。

图10-141　选择商品界面

（3）填写申请　填写入库和发货组织信息、商品的单位、批次号、数量以及订单备注信息(图10-142)。

图10-142　填写申请界面

（4）确认订单　商品选择完成后，需要确认订单的接收方，以及商品订货数量、计量单位、批次号等信息。需要注意的是，如在订货时需要指定商品批次，那么则可以点击【指定批次】按钮，输入一个或多个批次号以及批次号对应的订货数量。

（5）提交订单　订单确认完毕后，即可点击【确认提交】，该订货单则创建完毕。

10.3.14.2　调拨订单

调拨单是同一组织结构树下的组织之间的货物调转行为。在调入方库存不足的情况下，可以使用调拨单向同级组织发起调拨申请，在调拨单中的组织所属上级审核通过后，即可生成出库订单。需要注意的是，调拨单功能模块仅用于创建和查看业务订单，若订单创建完成后还需要做出库操作，则需要前往平台端的"出库订单"或者量子溯源APP的"按单出库小应用"进行操作(图10-143)。

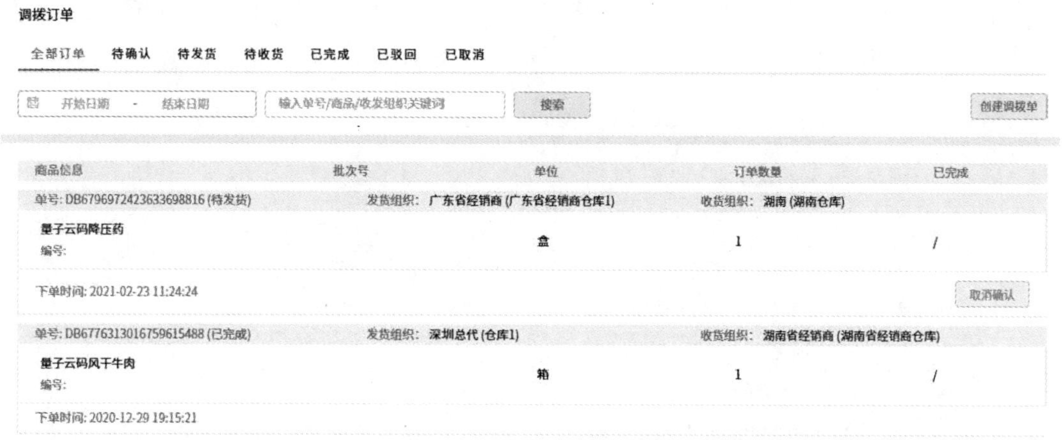

图10-143　调拨单管理界面

订单状态说明：

（1）待确认　调拨单对应的上级组织暂未审核确认。

（2）待发货　上级组织已经审核确认，并且明确具体的出库仓库，但仓库还未进行发货或者只进行了部分发货，尚未完成全部订单商品的发货。

（3）待收货　上级组织已经完成调拨单关联的出库单商品的发货操作，收货方尚未完成全部商品的收货。

（4）已完成　调拨单对应的出库订单、入库订单，均为已完成的状态，关联的调拨单自动变更为已完成的状态。

（5）已取消　调拨申请被取消。

（6）已驳回　调拨申请被上级组织驳回。

操作流程：

（1）创建订单　在调拨单管理界面点击【创建调拨单】按钮，点击后跳转至调拨订单界面（图10-144）。

图10-144　创建调拨订单界面

（2）选择商品　进入商品列表选择需要调拨的商品（商品需要提前在商品管理界面进行设置），手动选择需要入库的单个或多个商品，确认后，点击【确认选择】按钮（图10-145）。

图10-145　选择商品界面

（3）填写申请　填写调入和调出组织信息、商品的单位、批次号、数量以及订单备注信息。

图 10-146　填写申请界面

（4）确认订单　商品选择完成后,需要确认订单的接收方以及商品订货数量、计量单位、批次号等信息。需要注意的是,如在订货时需要指定商品批次,那么则可以点击【指定批次】按钮,输入一个或多个批次号以及批次号对应的订货数量。

（5）提交订单　订单确认完毕后,点击【确认提交】,则该订货单创建完毕。

10.3.14.3　退货订单

当退货方发现上级发货的商品存在破损或者错误时,下级组织可向上级组织发起退货,退货单创建后即可自动生成出库订单。需要注意的是,退货单功能模块仅用于创建和查看业务订单,若订单创建完成后,需要做出库操作,需要前往平台端的"出库订单"或者量子溯源APP的"按单出库小应用"操作。

订单状态说明:

（1）待发货　退货单创建完成后,仓库还未发货或者只进行了部分发货,尚未完成全部订单商品的发货出库。

（2）待收货　收货方尚未完成全部商品的收货。

（3）已完成　退货单对应的出库订单、入库订单均为已完成的状态,关联的退货单自动变更为已完成的状态。

（4）已取消　退货单被取消。

操作流程:

（1）创建订单　在退货单管理界面点击【创建退货单】按钮,点击后跳转至退货订单界面（图10-147）。

图 10-147　创建退货订单界面

（2）选择商品　进入商品列表选择需要退货的商品（商品需要提前在商品管理界面进行设置），手动选择需要入库的单个或多个商品，确认后，点击【确认选择】按钮（图 10-148）。

图 10-148　选择商品界面

（3）填写申请　填写调入和调出组织信息、商品的单位、批次号、数量以及订单备注信息（图 10-149）。

图 10-149　填写申请界面

（4）确认订单　商品选择完成后，需要确认订单的接收方以及商品订货数量、计量单位、批次号等信息。需要注意的是，如在订货时需要指定商品批次，那么则可以点击【指定批次】按钮，输入一个或多个批次号以及对应的订货数量。

（5）提交订单　订单确认完毕后，点击【确认提交】，则该订货单创建完毕。

10.3.15　溯源稽查

10.3.15.1　溯源模板

支持通过商品品牌、目录、名称、码类、码图类型（二维码/量子云码）、码段和微信公众号ID这7个维度配置溯源模板。消费者扫码后可查看不同的商品溯源信息。溯源模板会根据匹配规则及优先级进行匹配，在匹配规则都满足的情况下，优先级高的溯源模板会生效。溯源模板支持本地与外部链接（图10-150）。

图10-150　溯源模板界面

操作流程：

（1）新增模板　在溯源模板界面点击【新增模板】按钮，弹出新增模板弹框，设置模板标题、选择模板类型，选择"本地"展示系统配置好的域名及设置模板；选择"外部链接"则跳转展示外部模板；状态默认为关闭，开启后才能够生效（图10-151）。

图10-151 模板弹框

（2）属性设置 点击【下一步】按钮，进入溯源模板的属性设置界面，设置商品、码值、码图相关信息，溯源模板会根据匹配规则及优先级进行匹配，匹配规则都满足的情况下，优先级高的溯源模板会生效（图10-152）。

图10-152 模板设置界面

（3）编辑模板 在溯源模板界面的列表内点击【编辑】按钮，跳转至模板编辑界面进行模板编辑，此编辑器是一个在线H5编辑器，用于快速制作H5页面。用户无需掌握复杂的编程技术，通过简单拖拽、少量配置即可制作精美的页面，可用于营销场景下的页面制作（图10-153）。

图10-153　编辑器界面

（4）设置优先级　在溯源模板界面操作优先级调整按钮，设置模板优先级。

（5）预览模板　待编辑好后点击【预览】按钮，即可查看模板展示样式。

10.3.15.2　扫码记录

消费者每次扫码记录都将在此模块中展示，可作为企业的窜货依据（图10-154）。

图10-154　扫码记录界面

10.3.15.3　稽查记录

记录市场稽查人员的扫码信息，包含商品名称、码值数据、窜出/窜入经销商等，支持点击【查看详情】按钮，查看稽查记录内的详情（图10-155）。

图10-155　稽查记录界面

查看详情:弹出稽查记录弹框,展示使用量子溯源APP"商品稽查小应用"时上传的稽查记录(图10-156)。

图10-156　稽查详情弹框

10.3.16　统计分析

统计分析分别包含窜货分析、扫码分析、生产分析、物流分析图形化展示以及稽查记录、扫码记录数据表格展示。

10.3.16.1　窜货预警

根据扫码位置的经纬度在地图上进行标识,正常情况用绿色圆点标注。属于窜货的记录用其他颜色标注,窜出经销商点位用橙色表示,窜入当前地址用黄色标注,稽查确定为窜货的点位用红色标注。

10.3.16.2　防伪预警

根据扫码位置在地图上标识出经纬度,同时根据扫码次数不同用不同的颜色显示,即设置扫码次数的阈值,没有超过阈值的统一显示为绿色,超过阈值就用红色进行预警,表示该码值存在被盗用的风险。

10.3.16.3　物流视图

展示所属仓库的物流信息,支持按照时间段进行展示,支持物流情况展示,支持按时间、商品名称、区域进行数据分布展示。

10.3.16.4　扫码视图

展示扫码分布情况,支持按时间、模糊条件进行信息查询。

10.3.16.5　窜货预警记录

当扫码发现扫码区域不在销售范围内时,会记录疑似窜货的商品信息并以列表的形式进行展示(图10-157)。

图 10-157　窜货预警记录

小　　结

食品安全一直是民生问题的重中之重,因此建立食品安全风险双向分层追溯平台就显得尤为重要。该平台采用需求分析、方案设计、系统集成以及实际应用相结合的实施方法,将各个技术问题有机结合起来,并集成得到食品安全风险双向分层追溯平台,从码值、商品、生产、仓库、订单等方面进行食品安全风险的溯源管理。此外也设置了溯源稽查、统计分析、组织架构、系统设置等多个模块,从农业源头、市场源头两个层面提供有效的双向追溯数据支撑。

食品安全风险双向分层追溯平台可以客观、有效、真实地记录和保存食品质量安全信息,实现食品质量安全的顺向可追踪、逆向可溯源、风险可管控,在发现食品质量安全问题时可第一时间对产品进行召回,实现原因可查、责任可究的功能诉求。

附　　录

附录1　溯源报告模板

食品微生物及生物毒素污染物智能化溯源报告

食品类别

产品简介:××××××

工艺流程图:××××××

主要污染物:细菌××××××

一、各致病菌生物学特征描述(系统导入)

××××××蜡样芽胞杆菌:环境中广泛存在、粪口传播、耐热芽胞、生长温度20~45 ℃,污染原料有大豆(原料)、小麦粉(辅料)、香辛料(辅料)。

××××××沙门氏菌:……

……

二、溯源查询工作说明

描述查询模式,给出可能的溯源路径组合表。

三、溯源及污染风险结论及建议

结合可能的污染路径,根据污染环节工艺特点和污染物特征,系统生成处置建议。

附录2 典型食品腐乳中微生物特征数据表单

致病微生物	生物学特征	污染工艺环节	加工环节影响因素	记录项	阈值
致泻大肠埃希氏菌	环境中广泛存在	生产车间环境卫生	清洁消毒记录		合格
致泻大肠埃希氏菌	环境中广泛存在	生产设备设施卫生	清洗消毒记录		合格
致泻大肠埃希氏菌	环境中广泛存在	内包装材料卫生	包材质量检查表		合格
致泻大肠埃希氏菌	粪口传播	操作人员卫生	人员晨检记录		合格
致泻大肠埃希氏菌	粪口传播	操作人员卫生	洗手消毒记录		合格
致泻大肠埃希氏菌	巴氏消毒或煮沸可杀死	煮浆	温度		$>98\ ^{\circ}\mathrm{C}$
致泻大肠埃希氏菌	巴氏消毒或煮沸可杀死	煮浆	时间		3 min
志贺氏菌	环境中广泛存在	生产车间环境卫生	清洁消毒记录		合格
志贺氏菌	环境中广泛存在	生产设备设施卫生	清洗消毒记录		合格
志贺氏菌	环境中广泛存在	内包装材料卫生	包材质量检查表		合格
志贺氏菌	环境中广泛存在	操作人员卫生	人员晨检记录		合格
志贺氏菌	粪口传播	操作人员卫生	洗手消毒记录		合格
志贺氏菌	巴氏消毒或煮沸可杀死	煮浆	温度		$>98\ ^{\circ}\mathrm{C}$
志贺氏菌	巴氏消毒或煮沸可杀死	煮浆	时间		3 min
志贺氏菌	水源	生产用水水质检查	水质检查表		合格
椰毒假单胞菌酵米面亚种	环境中广泛存在	生产车间环境卫生	清洁消毒记录		合格
椰毒假单胞菌酵米面亚种	环境中广泛存在	生产设备设施卫生	清洗消毒记录		合格

致病微生物	生物学特征	污染工艺环节	加工环节影响因素	记录项	阈值
椰毒假单胞菌酵米面亚种	环境中广泛存在	内包装材料卫生	包材质量检查表		合格
椰毒假单胞菌酵米面亚种	环境中广泛存在	操作人员卫生	人员晨检记录		合格
椰毒假单胞菌酵米面亚种	小麦粉(辅料)	原料入库检查	原料质量检查表		合格
椰毒假单胞菌酵米面亚种	最适生长温度:20~30 ℃	接种、培菌(前期发酵)	温度		16~26 ℃
椰毒假单胞菌酵米面亚种	最适生长温度:20~30 ℃	接种、培菌(前期发酵)	时间		25~48 h
小肠结肠炎耶尔森氏菌	环境中广泛存在	生产车间环境卫生	清洁消毒记录		合格
小肠结肠炎耶尔森氏菌	环境中广泛存在	生产设备设施卫生	清洗消毒记录		合格
小肠结肠炎耶尔森氏菌	环境中广泛存在	内包装材料卫生	包材质量检查表		合格
小肠结肠炎耶尔森氏菌	环境中广泛存在	操作人员卫生	人员晨检记录		合格
小肠结肠炎耶尔森氏菌	大豆(原料)	原料入库检查	原料质量检查表		合格
沙门氏菌	环境中广泛存在	生产车间环境卫生	清洁消毒记录		合格
沙门氏菌	环境中广泛存在	生产设备设施卫生	清洗消毒记录		合格
沙门氏菌	环境中广泛存在	内包装材料卫生	包材质量检查表		合格
沙门氏菌	粪口传播	操作人员卫生	人员晨检记录		合格
沙门氏菌	粪口传播	操作人员卫生	洗手消毒记录		合格
沙门氏菌	巴氏消毒或煮沸可杀死	煮浆	温度		>98 ℃
沙门氏菌	巴氏消毒或煮沸可杀死	煮浆	时间		3 min
沙门氏菌	最适生长温度:37 ℃	接种、培菌(前期发酵)	温度		16~26 ℃
沙门氏菌	最适生长温度:37 ℃	接种、培菌(前期发酵)	时间		25~48 h

致病微生物	生物学特征	污染工艺环节	加工环节影响因素	记录项	阈值
肉毒梭菌	肉毒杆菌芽孢耐热	煮浆	温度		>98 ℃
肉毒梭菌	肉毒杆菌芽孢耐热	煮浆	时间		3 min
肉毒梭菌	大豆(原料)	原料入库检查	原料质量检查表		合格
溶血性链球菌	环境中广泛存在	生产车间环境卫生	清洁消毒记录		合格
溶血性链球菌	环境中广泛存在	生产设备设施卫生	清洗消毒记录		合格
溶血性链球菌	环境中广泛存在	内包装材料卫生	包材质量检查表		合格
溶血性链球菌	伤口化脓携带	操作人员卫生	人员晨检记录		合格
溶血性链球菌	粪口传播	操作人员卫生	洗手消毒记录		合格
溶血性链球菌	最适生长温度:37 ℃	接种、培菌(前期发酵)	温度		16～26 ℃
溶血性链球菌	最适生长温度:37 ℃	接种、培菌(前期发酵)	时间		25～48 h
蜡样芽胞杆菌	环境中广泛存在	生产车间环境卫生	清洁消毒记录		合格
蜡样芽胞杆菌	环境中广泛存在	生产设备设施卫生	清洗消毒记录		合格
蜡样芽胞杆菌	环境中广泛存在	内包装材料卫生	包材质量检查表		合格
蜡样芽胞杆菌	环境中广泛存在	操作人员卫生	人员晨检记录		合格
蜡样芽胞杆菌	耐热芽胞	煮浆	温度		>98 ℃
蜡样芽胞杆菌	耐热芽胞	煮浆	时间		3 min
蜡样芽胞杆菌	生长温度:20～45 ℃	接种、培菌(前期发酵)	温度		16～26 ℃
蜡样芽胞杆菌	生长温度:20～45 ℃	接种、培菌(前期发酵)	时间		25～48 h
蜡样芽胞杆菌	大豆(原料)	原料入库检查	原料质量检查表		合格
蜡样芽胞杆菌	小麦粉(辅料)	原料入库检查	原料质量检查表		合格
蜡样芽胞杆菌	香辛料(辅料)	原料入库检查	原料质量检查表		合格

致病微生物	生物学特征	污染工艺环节	加工环节影响因素	记录项	阈值
空肠弯曲菌	人畜共患病	生产车间环境卫生	清洁消毒记录		合格
空肠弯曲菌	人畜共患病	操作人员卫生	人员晨检记录		合格
空肠弯曲菌	人畜共患病	操作人员卫生	洗手消毒记录		合格
空肠弯曲菌	巴氏消毒或煮沸可杀死	煮浆	温度		>98 ℃
空肠弯曲菌	巴氏消毒或煮沸可杀死	煮浆	时间		3 min
金黄色葡萄球菌	环境中广泛存在	生产车间环境卫生	清洁消毒记录		合格
金黄色葡萄球菌	环境中广泛存在	生产设备设施卫生	清洗消毒记录		合格
金黄色葡萄球菌	环境中广泛存在	内包装材料卫生	包材质量检查表		合格
金黄色葡萄球菌	伤口、皮肤携带	操作人员卫生	人员晨检记录		合格
金黄色葡萄球菌	粪口传播	操作人员卫生	洗手消毒记录		合格
金黄色葡萄球菌	短时间耐受80 ℃	煮浆	温度		>98 ℃
金黄色葡萄球菌	短时间耐受80 ℃	煮浆	时间		3 min
金黄色葡萄球菌	最适生长温度:37 ℃	接种、培菌（前期发酵）	温度		16~26 ℃
金黄色葡萄球菌	最适生长温度:37 ℃	接种、培菌（前期发酵）	时间		25~48 h
副溶血性弧菌	广泛存在海水和海洋生物中	生产车间环境卫生	清洁消毒记录		合格
副溶血性弧菌	粪口传播	操作人员卫生	人员晨检记录		合格
副溶血性弧菌	粪口传播	操作人员卫生	洗手消毒记录		合格
副溶血性弧菌	最适生长温度:30 ℃	接种、培菌（前期发酵）	温度		16~26 ℃
副溶血性弧菌	最适生长温度:30 ℃	接种、培菌（前期发酵）	时间		25~48 h
单核细胞增生李斯特氏菌	环境中广泛存在	生产车间环境卫生	清洁消毒记录		合格

致病微生物	生物学特征	污染工艺环节	加工环节影响因素	记录项	阈值
单核细胞增生李斯特氏菌	环境中广泛存在	生产设备设施卫生	清洗消毒记录		合格
单核细胞增生李斯特氏菌	环境中广泛存在	内包装材料卫生	包材质量检查表		合格
单核细胞增生李斯特氏菌	环境中广泛存在	操作人员卫生	人员晨检记录		合格
单核细胞增生李斯特氏菌	粪口传播	操作人员卫生	洗手消毒记录		合格
单核细胞增生李斯特氏菌	巴氏消毒或煮沸可杀死	煮浆	温度		>98 ℃
单核细胞增生李斯特氏菌	巴氏消毒或煮沸可杀死	煮浆	时间		3 min
大肠菌群	环境中广泛存在	生产车间环境卫生	清洁消毒记录		合格
大肠菌群	环境中广泛存在	生产设备设施卫生	清洗消毒记录		合格
大肠菌群	环境中广泛存在	内包装材料卫生	包材质量检查表		合格
大肠菌群	粪口传播	操作人员卫生	人员晨检记录		合格
大肠菌群	粪口传播	操作人员卫生	洗手消毒记录		合格
大肠菌群	巴氏消毒或煮沸可杀死	煮浆	温度		>98 ℃
大肠菌群	巴氏消毒或煮沸可杀死	煮浆	时间		3 min
大肠菌群	最适生长温度:37 ℃	接种、培菌（前期发酵）	温度		16~26 ℃
大肠菌群	最适生长温度:37 ℃	接种、培菌（前期发酵）	时间		25~48 h
大肠埃希氏菌O157	巴氏消毒或煮沸可杀死	煮浆	温度		>98 ℃
大肠埃希氏菌O157	巴氏消毒或煮沸可杀死	煮浆	时间		3 min
大肠埃希氏菌O157	最适生长温度:37 ℃	接种、培菌（前期发酵）	温度		16~26 ℃

致病微生物	生物学特征	污染工艺环节	加工环节影响因素	记录项	阈值
大肠埃希氏菌 O157	最适生长温度:37 ℃	接种、培菌（前期发酵）	时间		25～48 h
创伤弧菌	广泛存在海水和海洋生物中	生产车间环境卫生	清洁消毒记录		合格
创伤弧菌	粪口传播	操作人员卫生	人员晨检记录		合格
创伤弧菌	粪口传播	操作人员卫生	洗手消毒记录		合格
创伤弧菌	最适生长温度:30 ℃	接种、培菌（前期发酵）	温度		16～26 ℃
创伤弧菌	最适生长温度:30 ℃	接种、培菌（前期发酵）	时间		25～48 h
产气荚膜梭菌	环境中广泛存在	生产车间环境卫生	清洁消毒记录		合格
产气荚膜梭菌	环境中广泛存在	生产设备设施卫生	清洗消毒记录		合格
产气荚膜梭菌	环境中广泛存在	内包装材料卫生	包材质量检查表		合格
产气荚膜梭菌	环境中广泛存在	操作人员卫生	人员晨检记录		合格
产气荚膜梭菌	粪口传播	操作人员卫生	洗手消毒记录		合格
产气荚膜梭菌	最适生长温度:43～47 ℃	接种、培菌（前期发酵）	温度		16～26 ℃
产气荚膜梭菌	最适生长温度:43～47 ℃	接种、培菌（前期发酵）	时间		25～48 h
阪崎肠杆菌	环境中广泛存在	生产车间环境卫生	清洁消毒记录		合格
阪崎肠杆菌	环境中广泛存在	生产设备设施卫生	清洗消毒记录		合格
阪崎肠杆菌	环境中广泛存在	内包装材料卫生	包材质量检查表		合格
阪崎肠杆菌	环境中广泛存在	操作人员卫生	人员晨检记录		合格
阪崎肠杆菌	粪口传播	操作人员卫生	洗手消毒记录		合格
阪崎肠杆菌	巴氏消毒或煮沸可杀死	煮浆	温度		>98 ℃
阪崎肠杆菌	巴氏消毒或煮沸可杀死	煮浆	时间		3 min

附录3　系统涉及的典型食品生产工艺流程图

1. 酱腌菜生产工艺流程图

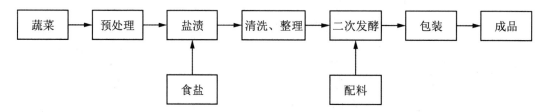

2. 巴氏灭菌乳生产工艺流程图

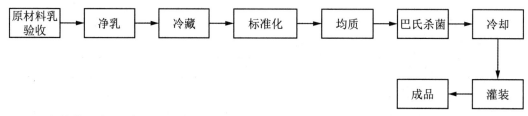

3. 冰淇淋生产工艺流程图

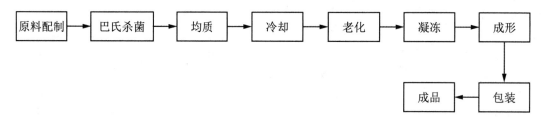

4. 饼干生产工艺流程图

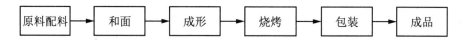

5. 畜禽肉罐头生产工艺流程图

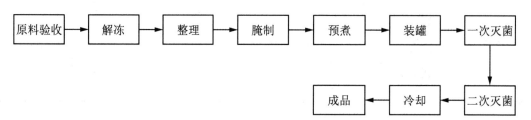

6. 酱卤肉制品生产工艺流程图

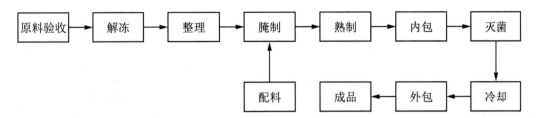

7. 鸡蛋干生产工艺流程图

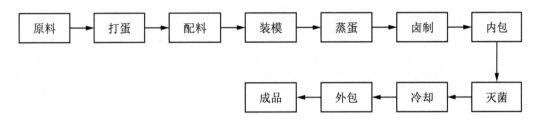

8. 油炸膨化食品生产工艺流程图

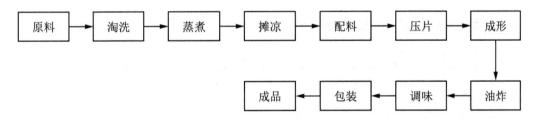

9. 月饼生产工艺流程图

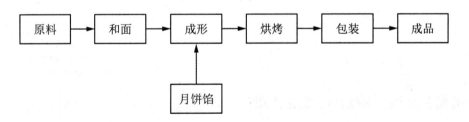

10. 豆奶生产工艺流程图

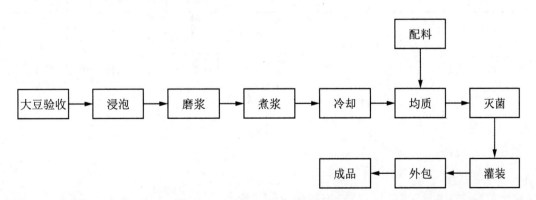

11. 酱油生产工艺流程图

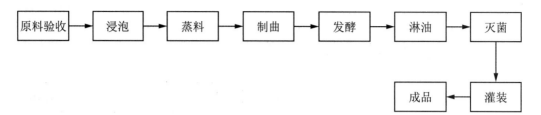

12. 速冻水饺生产工艺流程图

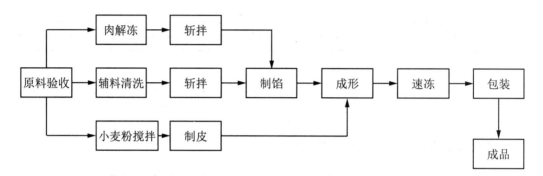

13. 面包三明治生产工艺流程图

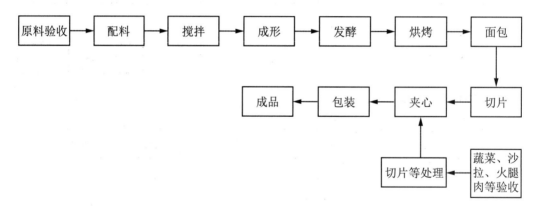

14. 粮食加工品（米线）生产工艺流程图

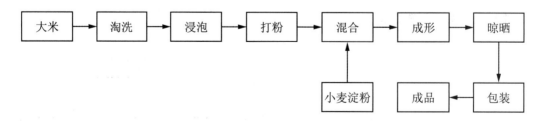

15. 腐乳生产工艺流程图

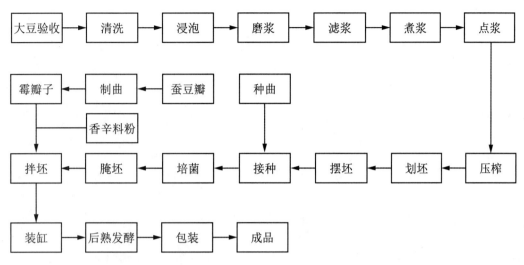

16. 郫县豆瓣生产工艺流程图

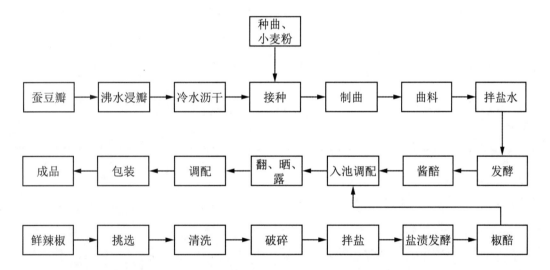